西安石油大学优秀学术著作出版基金资助

电学法多相流测量技术

王小鑫　胡红利　唐凯豪　著

中国石化出版社

内 容 提 要

本书主要介绍静电法和电容法多相流参数测量技术的有关内容。首先，综述了多相流参数测量技术的发展历程及趋势；系统介绍了静电/电容传感器多相流参数测量技术的数学模型、工作原理及其在流型识别、流速及相含率测量等方面的应用；详细分析了电容层析成像系统（ECT），包括 ECT 的组成、灵敏度系数求解、重构算法、介质带电对 ECT 的影响及 ECT 在流型识别和相含率测量方面的应用；最后，提出了一种多物理场耦合数值仿真技术在电学法多相流参数测量方面的应用。

本书旨在介绍近些年来具有代表性的多相流测量技术，为从事相关研究和工程技术的人员提供参考。

图书在版编目（CIP）数据

电学法多相流测量技术 / 王小鑫，胡红利，唐凯豪著．
—北京：中国石化出版社，2020．6
ISBN 978－7－5114－5782－0

Ⅰ.①电…　Ⅱ.①王…②胡…③唐…　Ⅲ.①多相流
–测量技术–研究　Ⅳ.①O359②TB937

中国版本图书馆 CIP 数据核字（2020）第 078236 号

中国石化出版社出版发行
地址:北京市东城区安定门外大街 58 号
邮编:100011　电话:(010)57512500
发行部电话:(010)57512575
http://www.sinopec-press.com
E-mail:press@ sinopec.com
北京柏力行彩印有限公司印刷
全国各地新华书店经销

*
710×1000 毫米 16 开本 11 印张 210 千字
2020 年 6 月第 1 版　2020 年 6 月第 1 次印刷
定价:75.00 元

前　言

多相流动现象与人类的生活和生产密切相关，普遍存在于石油、化工、制药、电力、环保、冶金等现代工业领域中。多相流学科是以多相流系统为研究对象，以工程热物理学为基础，与数学、力学、计算机、信息、材料、环境等学科相互融合而逐步形成和发展起来的交叉学科。随着科学技术的快速发展，多相流在科学研究、工业生产、环境保护及人类生活中越来越重要，关于这一领域的研究也日益成为国内外十分引人关注的前沿学科。

在众多工业过程中，多相流的相间界面效应及相间相对速度在不停地变化，且在工业测量环境中又存在安全性问题等，因此多相流流动过程表现出极大的复杂性。一直以来，多相流模型、测试和模拟技术始终是学术界和工业界研究的热点和难点。多相流的流动参数主要包括流量、流速相含率及流型等。通过对流动参数的获取，建立多相流流动过程控制模型，可以根据模型数据分析流动规律，为工业生产过程的精确计算和最优化控制提供可靠的参考价值。因此，多相流参数测量技术在科学研究和工业生产中发挥着越来越重要的作用。

现阶段，有许多研究机构和科学家开展了多相流相含率测量方法的研究，已有的测量方法包括压差法、射线法及电导法等。基于电学法的多相流参数测量系统具有结构简单、成本低、可靠性高、无辐射及非接触等优点，因而引起了越来越多的关注。

作者所在的研究团队多年来一直从事电学法多相流参数测量、过程层析成像、多物理场耦合仿真等方面的研究工作。在此领域先后承担了 863 计划项目、国家自然科学基金项目、陕西省科技厅计划项目、陕西省教育厅专项科研计划项目等多项科研项目。在项目研究成果的基础上，编撰完成本书。本书主要介绍静电法和电容法多相流参数测量技术的有关内容，包括电学传感器的发展历程、数学模型及工作原理，电学传感器测量系统的设计及优化，电学传感器在流速测量、相含率测量、流型识别等方面的应用、多物理场数值仿真技术在电学法多相流参数测量方面的应用，等等。

前言、第 1 章由西安交通大学胡红利教授撰写，第 2~第 5 章、第 7 章由西安石油大学王小鑫撰写，第 6 章由王小鑫和西安交通大学唐凯豪博士撰写，全文由胡红利教授统稿。

本书的研究工作得到了国家自然科学基金"消除颗粒带电及介质分布对电学法气固流测量影响的关键技术研究及系统实现"（项目编号：51777151），陕西省自然科学基础研究计划项目"基于 MWS 效应的多相流相含率检测方法研究"（项目编号：2019JQ-822）等项目的大力支持；本书出版过程得到了西安石油大学优秀学术著作出版基金资助，在此一并表示衷心感谢。

由于作者水平有限，书中难免存在缺点和不足，恳请读者批评指正。

目　　录

第1章 多相流及多相流参数测量技术概况

第1节 多相流定义及分类

1. 多相流定义

在某一系统中具有相同成分及相同物理、化学性质的均匀物质成分称为相，各相之间有明显可分的界面。将自然界的物质从宏观角度分类，可以分为气相、液相和固相。单相物质的流动称为单相流，如气体流和液体流。两相流或多相流，是指同时存在两种或多种不同相的物质流动。两相流动或多相流动一般要满足两个条件：①必须存在相的界面；②相界面必须是运动的。

2. 多相流分类

多相流一般分为两相流和三相流两类，工业中常见的两相流可以分为：

（1）气液两相流，气体和液体一起流动称为气液两相流。如石油、天然气、低沸点液体的传输过程。

（2）气固两相流，气体与固体颗粒一起流动称为气固两相流。如煤粉、奶粉、水泥、谷物、化肥、食盐等的气力输送过程。

（3）液固两相流，液体与固体颗粒一起流动称为液固两相流。如矿石和矿料的水力输送，煤浆、纸浆、泥浆等浆液流动。

（4）液液两相流，两种不能混合的液体一起流动称为液液两相流。处于开采后期的油田在含水剧增后的油水混输，以及物质提取的萃取过程，大多是液液两相流体系。

常见的三相流可分为：

（1）气液液三相流，气体和两种不能均匀混合的液体一起流动称为气液液三相流。如石油、天然气生产与输送过程中常见的油-气-水三相流。

（2）气液固三相流，气体、液体和固体颗粒一起流动称为气液固三相流。如化工工程中的三相流化床，油田开采出来的油–气–砂粒三相流。

（3）液液固三相流，两种不能均匀混合的液体与固体颗粒一起流动称为液液固三相流。如，钻井过程中的油–水–砂粒等三相流。

（4）气固固三相流，两种不同性质的固体颗粒与气体一起流动称为气固固三相流。如煤粉–生物质混合燃烧的气力输送过程。

3. 多相流主要测量参数及分类

多相流比单相流更具有普遍性和实用性。在多相流动体系中，相与相之间存在分界面，而且分界面的形状和分布在时间和空间里均是随机可变的，致使多相流系统具有远比单相流复杂的流动特性。多相流主要特点有：流型变化复杂，两相界面有相间作用力，相间存在相对速度，物性变化较大，数学描述难度大，等等。因此，描述多相流与描述单相流相比，增加了一些特征参数。

多相流测量参数主要有流型、分相含率、速度、流量、压力降等，这些参数的在线测量对于生产过程的计量管理、控制和运行可靠性提升具有重要意义。由于多相流是一个复杂的非线性、非平稳过程，流态形式多种多样，导致精密测量多相流参数难度极大。因此，研究多相流相浓度、流速及流型分布等参数的测量具有重要的科学价值及实际意义。

1）流型

流型又称流态，即流体流动的形式和结构。多相流相界面随机可变，使得多相流动形式复杂多变。流型这一参数是多相流所特有的，作为多相流最直观的表现形式，流型的变化可以直接影响工业过程的效率和安全性。例如在气力输送管道中要尽量避免沉积流导致管道堵塞的情况，或者在输送过程中需要某些特定的流型来减少对管道的磨损。此外，流体各流动参数在不同流型下的关系是不一样的，某种测量方法在某一流型下的测量精度，在另一种流型下不一定能达到。因此，准确识别流型是工业过程安全、稳定运行的保证，也是其他多相流参数准确测量的基础。

2）分相含率

分相含率是指两相流或多相流中，某一相所占的比例。不同多相流系统有不同的惯用参数进行表征。通过对局部分相含率的分布进行统计测量，可以了解多相流中分散相浓度及其分布，也可以用来判别流型。

以气液两相流中气相为例，其分相含率主要由截面含气率、容积流量含气率、质量流量含气率3种参数表征。

截面含气率（φ），又称空隙率，表示管道某一截面上，气相截面面积（A_g）与管道截面面积（A）之比：

$$\varphi = \frac{A_g}{A} \tag{1-1}$$

容积流量含气率（γ），表示气相体积流量（Q_g）与混合物总体积量（Q）之比：

$$\gamma = \frac{Q_g}{Q} \tag{1-2}$$

质量流量含气率（β），又称干度，表示气相质量流量与混合物总质量流量之比：

$$\beta = \frac{\gamma \rho_g}{\gamma \rho_g + (1-\gamma)\rho_l} \tag{1-3}$$

式中，ρ_g 为气相密度；ρ_l 为液相密度。

3）流量

流量一般分为质量流量和体积流量。质量流量是一定时间内流过管道截面的流体质量流量。以油-气-水三相流为例，油气水总质量流量（M）为：

$$M = M_o + M_g + M_w \tag{1-4}$$

式中，M_o 为油的质量流量；M_g 为气体质量流量；M_w 为水的质量流量。

体积流量是一定时间内流过管道截面的流体体积。仍以油-气-水三相流为例，油气水总体积流量（Q）为：

$$Q = Q_o + Q_g + Q_w \tag{1-5}$$

式中，Q_o 为油的体积流量；Q_g 为气体体积流量；Q_w 为水的体积流量。

4）速度

多相流系统中存在相对速度，因此，除了表征混合流体的平均速度外，还需要对分相流速进行表征。由于分相速度难以获取，通常采用表观速度进行折算，即以分相流量除以管道截面来表示该相的分相速度。表观流速的物理含义为当分分相流体在管道中单独流动时的流速。以气液两相流为例：

气相速度（u_g）为：

$$u_g = \frac{Q_g}{A_g} \tag{1-6}$$

液相速度（u_l）为：

$$u_l = \frac{Q_l}{A_l} \tag{1-7}$$

气相表观速度（u_{sg}）为：

$$u_{sg} = \frac{Q_g}{A} \tag{1-8}$$

液相表观速度（u_{sl}）为：

$$u_{sl} = \frac{Q_{sl}}{A} \tag{1-9}$$

此外，压力降、温度、分散在多相流中的物质(液滴、气泡、颗粒)的分布及尺寸、环状流中液膜厚度等，也是描述多相流系统的一些特征参数。

第 2 节　多相流参数测量技术的发展现状和趋势

鉴于多相流研究在国民经济发展中的重要地位和多相流参数测量技术在多相流研究中的重要意义，以及多相流体系的复杂性和多相流参数测量的较大难度，国内外许多学者都致力于相关问题的研究。然而，已有的测试技术和方法大多还处于实验研究阶段，已有的商品化可在线检测仪表较少，且测量精度往往不高。因此，多相流参数测量技术仍然是一个发展中的探索研究领域。

1. 常用多相流参数测量方法

多相流参数测量技术发展至今，常用的方法主要包括差压法、衰减法、共振法、数字图像法及电学法等。

1) 差压法

差压法是测量两相流质量流量最常用的方法之一，当两相流流经节流装置时，通过建立管道压降与流量之间的关系，可测量两相流的质量流量。例如，在气固两相流的研究方面，金锋等将文丘里管和电容传感器结合使用，测量差压和气固两相流的固相浓度，进而得到固相速度和质量流量。黄志尧等将管道总压降和固相粉体浓度作为测量参数，构建了差压-浓度数学模型。杨靖等对气液两相流压差波动信号的分型插值非线性数据拟合与重构方法进行了研究，研发出了一种改进以往两相流压力降数据经验关联式的新方法。周云龙等提取差压波动信号的特征，提出了结合神经网络和 D-S 证据理论的多特征信息融合的气液两相流流型识别方法。差压法成本较低，操作简单，但是差压-浓度模型参数受很多因素影响，无法从根本上消除，因此，它的应用受到了一定的限制。

2) 衰减法

基于衰减原理的浓度测量方法主要包括光学法、微波法、辐射法等。它们的原理类似，都是在管道周围安装发射和接收装置，通过测量激光、微波、射线穿过气固两相流管道之后的能量衰减，建立与固相浓度之间的关系。

光学法利用光纤组成测量系统，是一种常用的光学测量方法。Nieuwland 等建立了一套光纤测量系统，通过测量悬浮颗粒反射的光线来得到浓相气固两相流中固相颗粒的浓度分布。Zhu 等设计了一个五光纤光学探头，这种探头设计带有自我校验功能，减少了非测量颗粒反射造成的误差。光学法的一个重要优点是不受固相颗粒化学性质或湿度变化的影响，但是该方法在实际应用中，需保证探头清洁，而光学元件又易受污染，因而会导致实际工业现场应用和维护方面的困难。

不同于光学法，微波法的测量容易受到固相颗粒化学性质或湿度的影响，Penirschke 等考虑了湿度对测量结果的影响，提高了微波测量系统的性能，并设计了螺旋状的 CRLH-TL 谐振器，利用该谐振器测量管道截面的固相颗粒分布。中能联源技术有限公司设计了一款基于微波原理的煤粉浓度测量装置，主要由信号源、微波发射器及接收器组成，发射端与接收端相距 300~700mm，用于测量直吹式锅炉一次风管内煤粉浓度。朱芳波设计了一款电站锅炉煤粉浓度的微波测量系统，该系统中，发射器和接收器设置在输煤管两侧，收发装置在输煤管两侧倾斜布置，微波信号与管内煤粉流动方向成一定偏角被接收，从而增加了测量沿程，增大了煤粉对微波的吸收衰减作用，能比较准确地测出煤粉浓度。虽然微波法可以测量固相浓度，但是其结果易受颗粒尺寸、形状及湿度的影响，并且颗粒在测量管道上的沉积会给结果带来较大误差。

放射法是使用 γ 射线或者 X 射线等放射源来扫描流体介质，是一种非侵入式的方法，该方法受固相颗粒的湿度及分布影响较小。段泉圣采用点状 γ 射线探测器(该由多个各配静电计的独立电离室构成)，对气力输送管道中煤粉浓度及相分布进行实时检测。Van 等分析了粉体物料气力输送系统中射线的衰减，并研究了煤粉含水量及灰分等对浓度测量的影响。Sætre 等针对石油生产过程中极端条件下测量井下油-水-气多相流参数的需求，提出了一种相对简单、鲁棒性好的非侵入性系统，测量系统采用高速伽马射线技术，结合多射线束(MGB)和双模态密度(DMD)测量，来辨识流型及检测水中含盐量。该方法测量精度较高，但缺点是需要的设备昂贵，成本较高，且射线对人体有伤害，多射线的测量系统对射线源的性能一致性要求高，不适用于恶劣的工业环境。

3) 共振法

气固流中固体颗粒受到高强度电磁波作用时，原子核系统会在磁能级之间发生共振跃迁现象。King 等利用这一原理，使气固流流经强度很高的磁场，造成原子核能量的跃迁，然后再经过一个发出电磁波的磁场，使共振现象发生，由于核磁共振的强度与气固两相流浓度之间有比例关系，因此，通过测量核磁共振强度即可得到固相浓度。Sankey 等利用核磁共振成像技术对微孔填料、固定床反应器等多孔介质中的气液两相流过程进行速度成像。共振法不受流体物理参数的影响，精度高，但它的结构复杂，成本高。

4) 数字图像法

数字图像法通常借助高速摄影系统，对两相流流动过程进行实时拍摄和图像采集，然后利用图像处理技术获取各相体积浓度。该方法可以观察流体的瞬态变化，具有直观可见、非接触式等优点。周云龙等通过高速摄像机获取流化床气固稀相流动过程的实时图像，对不同时刻的图像进行消噪、边缘提取、二值化处理等，计算图像中目标颗粒的周长、面积、体积等参数，利用数学模型，最终可获取固相颗粒的体积空隙率。将数字图像处理技术和小波分析等与神经网络、支持向量机等相结合，可实现流型识别。但是数字图像法的应用对象仅限于透明管道及稀相气固两相流测量，且对管道中间区域的信息获取具有局限性。

5）电学法

电容法和静电法是两种典型的电学多相流参数测量方法，它们分别基于多相流的电介质特性和静电特性，具有结构简单、成本低等特点。A. Fuchs 等提出了一种气力输送双层电容传感器的方案，通过相关法得到颗粒的速度和浓度，并可以得到这些参数在管道截面的分布。胡红利等提出了一种将电容式气固两相流相含率测量系统用于燃煤电站气力输送管道中的煤粉浓度测量系统，该系统采用环形栅极结构和双电位屏蔽的电极设计，可以提高管道截面处电容灵敏度分布均匀性；测量电路时使用相关双采样技术和闭环结构，消除了引线和分布电容的干扰，提高了信噪比和稳定性。S. Matsusaka 等通过对摩擦、接触带电机理，以及固相颗粒质量流量的研究，建立感应电荷与质量流量之间的关系。许传龙采用静电传感器技术，发现了燃煤电站制粉系统各燃烧器中煤粉流量均衡配比及风粉的最佳配比。电学法具有结构简单、成本低廉、无辐射、易于安装、响应速度快、适用范围广等特点，广泛应用于多相流工业的流动参数在线测量。但测量过程同样易受流型的影响，因此，研究揭示流型与其他参数之间的变化规律将是电学法主要的研究方向。

6）过程层析成像

随着现代工业对生产过程控制的要求不断提高，封闭管道内部多相流的可视化信息逐渐成为现代工业闭环控制的重要参量，各领域对其需求正在日益增加。过程层析成像技术（Process Tomography，PT）因其采用非侵入或非接触式测量，实现了过程参数在二维/三维空间分布状况的在线、实时监测，正作为新一代的以多相流为主要检测对象的空间参数分布状况实时检测技术，迅速发展成为一种重要的工业过程控制配套技术。

经过多年发展，基于不同敏感机理的过程层析成像技术已有数十种，包含射线层析成像技术、光学层析成像技术、超声层析成像技术、核磁共振层析成像技术、电学层析成像技术等。由于射线、光学、核磁共振等层析成像技术对流体工况要求苛刻，因而并没有在实际工业生产中得到广泛应用。然而，电学层析成像技术（Electrical Tomography，ET）因其具有非侵入、响应速度快、安全性高、无辐射、设备结构简单等优点，成为目前工业过程多相流参数测量的研究及应用热点。目前，应用于工业过程中混合流体流动成像和参数测量的电学层析成像技术主要有电容层析成像技术（Electrical Capacitance Tomography，ECT）和电阻层析成像技术（Electrical Resistance Tomography，ERT）。

国际上，曼彻斯特大学、利兹大学、美国能源部摩根城能源技术中心、挪威 FLUENTA 公司等大学和相关机构较早开展了电学层析成像技术的研究。具有代表性的 ECT/ERT 两相流可视化系统主要有英国 TIS 公司研制的 M3C、P2+系列和 Tech4 Imaging 公司研制的 MPFM 4 R&D、MPFM 4 Bulk Solids 系列，可以实现 50~200 帧/s 的测量能力，广泛应用于循环流化床、旋流分离器、油气输送中气液、液液、气固等两相流的参数测量。

此外，天津大学、清华大学，浙江大学、华北电力大学及中国科学院等高校及科研机构也相继开展了 ET 在两相流可视化方面的应用研究，在传感器、测量电路、激励模式及图像重构算法等方面取得了大量研究成果。其中，天津大学研究团队及过程层析成像与多相流测试实验室对 ET 的研究起步较早，所研制的 ERT/ECT 系统已为国内多家科研机构和高等院校提供两相流可视化服务，基于反投影及预迭代算法的图像重建速度达 200 帧/s，达到同期国际先进水平。

2. 电学法多相流参数测量技术发展趋势

电学法作为一种结构简单、成本低、可靠性高、无辐射且非侵入的测量技术，在工业过程多相流参数测量领域占据重要地位。现阶段，多相流检测技术的发展趋势和今后的研究方向可以归纳为以下几个方面：

（1）将成熟的单相流参数测量技术及测量仪表根据实际应用对象的测量需求进行改进，使之适用于多相流检测。

（2）借助数值模拟方法，构建基于流场-电场耦合的动态多相流参数测量数值模型，准确模拟混合流体流动特性和测量系统性能之间的关系，为传感器选型、测量方法优化等提供重要指导。

（3）采用多种检测技术相融合的方式实现多相流检测。基于不同的测量原理，对各种传感器进行有效组合，结合多传感器数据融合技术开发相应的测量方法。该方法可为多相流参数测量提供便捷、有效的测量途径，且通过不同的组合可以适用于更多的流动状况。

（4）随着计算机技术和图像处理技术的发展，获取多相流体系二维、三维时空分布信息，应用过程层析成像技术，对多相流局部空间区域进行微观和瞬态的测量。

（5）多相流流动过程是一个复杂多变的随机过程。随着随机过程理论和信息处理技术的不断完善和发展，应用参数估计、数理统计、过程辨识和模式识别等理论和技术进行多相流参数估计的软测量方法将成为一个很重要的发展方向。

参 考 文 献

[1] 周云龙，洪文鹏，孙斌. 多相流体力学理论及其应用[M]. 北京：科学出版社，2008.

［2］林宗虎，郭烈锦，陈听宽，等．能源动力中多相流热物理基础理论与技术研究［M］．北京：中国电力出版社，2010.

［3］程芳．能源环境问题的外部性分析［J］．学术论坛，2013，36(6)：146-151.

［4］谭超，董峰．多相流过程参数检测技术综述［J］．自动化学报，2013，39（11）：1923-1932.

［5］程易，王铁峰．多相流测量技术及模型化方法［M］．北京：化学工业出版社，2016.

［6］孙宝江．石油天然气工程多相流动［M］．北京：中国石油大学出版社，2013.

［7］周云龙，李洪伟，孙斌．基于数字图像处理技术的多相流参数检测技术［M］．北京：科学出版社，2012.

［8］谢代梁，王保良，黄志尧，等．电容层析成像流型可视化系统研究［J］．浙江大学学报工学版，2002，36(1)：22-25.

［9］马敏，王化祥，田莉敏．基于DSP的数字化电容层析成像系统［J］．传感技术学报，2006，19（3）：705-708.

［10］Hu H L, Xu T M, Hui S E, et al. A novel capacitive system for the concentration measurement of pneumatically conveyed pulverized fuel at power stations［J］. Flow Measurement & Instrumentation, 2006, 17（2）：87-92.

［11］邵富群，高彦丽，章勇高，等．利用ECT传感器获取高炉块状区物料分布信息［J］．东北大学学报自然科学版，2002，23（11）：1044-1047.

［12］陈琪，刘石．ECT在多孔介质内火焰分布可视化测量中的应用研究［J］．仪器仪表学报，2007，28(11)：1994-1998.

［13］李海青．两相流参数检测及应用［M］．杭州：浙江大学出版社，1991：6-8.

［14］Xing L, Yeung H, Shen J, et al. A new flow conditioner for mitigating severe slugging in pipeline/riser system［J］. International Journal of Multiphase Flow, 2013, 51(51)：65-72.

［15］金锋，刘仁学．差压浓度法测量气/固两相流质量流量［J］．东北大学学报(自然科学版)，1999，20(5)：461-463.

［16］黄志尧，周泽魁，李海青．气力输送粉料流量测量的差压-浓度法［J］．高校化学工程学报，1995(3)：239-243.

［17］杨靖，郭烈锦．气液两相流压差信号数据的分形插值拟合［J］．西安交通大学学报，2002，36(9)：921-924.

［18］周云龙，孙斌．基于神经网络和D-S证据理论的气液两相流流型识别方法［J］．化工学报，2006(3)：607-613.

［19］白博峰，郑学波，邱露．基于差压信号的湿气流量测量方法［J］．机械工程学报，2017，53(24)：55-62.

［20］周昊，吴剑波，杨玉，等．旋流燃烧器出口气固两相流场的光学波动法测量研究［J］．浙江大学学报(工学版)，2012，46(12)：2189-2193.

［21］Penirschke A, Angelovski A, Jakoby R. Moisture insensitive microwave mass flow detector for particulate solids［C］, IEEE International Instrumentation and Measurement Technology Conference 2010, Austin, TX, United states, 2010：1309-1313.

［22］Van Y, Byrne B, Coulthard J. Radiation attenuation of pulverised fuel in pneumatic conveying systems[J]. Transactions of the Institute of Measurement & Control, 1993, 15 (3): 98-103.

[23] Roshani G H, Nazemi E, Roshani M M. Identification of flow regime and estimation of volume fraction independent of liquid phase density in gas-liquid two-phase flow[J]. Progress in Nuclear Energy, 2017: 29-37.

[24] Nieuwland J J, Meijer R, Kuipers J A M, et al. Measurements of solids concentration and axial solids velocity in gas-solid two-phase flows[J]. Powder Technology, 1996, 87 (2): 127-139.

[25] Zhu J X, Li G Z, Qin S Z, et al. Direct measurements of particle velocities in gas-solids suspension flow using a novel five-fiber optical probe[J]. Powder Technology, 2001, 115 (2): 184-192.

[26] Penirschke A, Jakoby R. Microwave mass flow detector for particulate solids based on spatial filtering velocimetry[J]. IEEE Transactions on Microwave Theory & Techniques, 2009, 56 (12): 3193-3199.

[27] Penirschke A, Angelovski A, Jakoby R. Moisture insensitive microwave mass flow detector for particulate solids[C], IEEE International Instrumentation and Measurement Technology Conference 2010, Austin, TX, United states, 2010: 1309-1313.

[28] 朱芳波. 电站锅炉煤粉浓度的微波测量方法研究[D]. 南京: 南京理工大学, 2007.

[29] Van Y, Byrne B, Coulthard J. Radiation attenuation of pulverised fuel in pneumatic conveying systems[J]. Transactions of the Institute of Measurement & Control, 1993, 15 (3): 98-103.

[30] Sætre C, Johansen G A, Tjugum S A. Salinity and flow regime independent multiphase flow measurements[J]. Flow Measurement & Instrumentation, 2010, 21 (4): 454-461.

[31] King J D, Rollwitz W L. Magnetic resonance measurement of flowing coal[J]. ISA Trans, 1983, 22: 4 (4): 69-76.

[32] Sankey M H, Holland D J, Sederman A J, et al. Magnetic resonance velocity imaging of liquid and gas two-phase flow in packed beds[J]. Journal of Magnetic Resonance, 2009, 196 (2): 142-148.

[33] 周云龙, 范振儒. 流化床气固稀相流动体积空隙率的图像检测方法[J]. 化学反应工程与工艺, 2009, 25 (5): 431-436.

[34] Thorn R, Johansen G A, Hammer E A. Recent developments in three-phase flow measurement [J]. Measurement Science & Technology, 1997, 8(7): 691-701.

[35] 许传龙. 气固两相流颗粒荷电及流动参数检测方法研究[D]. 南京: 东南大学, 2006.

[36] Fuchs A, Zangl H, Wypych P. Signal modelling and algorithms for parameter estimation in pneumatic conveying[J]. Powder Technology, 2007, 173 (2): 126-139.

[37] Hu H L, Xu T M, Hui S E. A high-accuracy, high-speed interface circuit for differential-capacitance transducer[J]. Sensors & Actuators A Physical, 2006, 125 (2): 329-334.

[38] 胡红利, 周屈兰, 徐通模, 等. 电容式气固两相流浓度测量系统[J]. 仪器仪表学报, 2007, 28(11): 1947-1950.

[39] Matsusaka S, Maruyama H, Matsuyama T, et al. Triboelectric charging of powders: A review [J]. Chemical Engineering Science, 2010, 65 (22): 5781-5807.

［40］Matsusaka S, Masuda H. Simultaneous measurement of mass flow rate and charge-to-mass ratio of particles in gas-solids pipe flow［J］. Chemical Engineering Science, 2006, 61 (7): 2254-2261.

［41］许传龙，宋志英，王式民，等. 静电传感技术在燃煤电站煤粉测量中的应用［J］. 锅炉技术，2008，39(1)：32-37.

［42］Durdevic P, Hansen L, Mai C, et al. Cost-effective ERT technique for oil-in-water measurement for offshore hydrocyclone installations［J］. IFAC - Papers OnLine, 2015, 48 (6): 147-153.

［43］Yao J, Takei M. Application of process tomography to multiphase flow measurement in industrial and biomedical fields-a review［J］. IEEE Sensors Journal, 2017, 17(24): 8196-8205.

［44］Dyakowski T, Process tomography applied to multi-phase flow measurement［J］. Measurement Science and Technology, 1996, 7(3): 343-353.

［45］王化祥. 电学层析成像技术［J］. 自动化仪表，2017，38(5)：1-6.

［46］Scanziani A, Singh K, Blunt M J, et al. Automatic method for estimation of in situ, effective contact angle from X-ray micro tomography images of two-phase flow in porous media［J］. Journal of Colloid and Interface Science, 2017, 496: 51-59.

［47］Rasel R K, Zuccarelli C E, Marashdeh Q M, et al. Towards multiphase flow decomposition based on electrical capacitance tomography sensors［J］. IEEE Sensors Journal, 2017, 17(24): 8027-8036.

［48］Goh C L, Ruzairi A R, Hafiz F R, et al. Ultrasonic tomography system for flow monitoring: a review［J］. IEEE Sensors Journal, 2017, 17(17): 5382-5390.

［49］Bray J M, Lauchnor E G, Redden G D, et al. Impact of mineral precipitation on flow and mixing in porous media determined by micro-computed tomography and MRI［J］. Environmental Science and Technology, 2017, 51(3): 1562-1569.

［50］Hallaji M, Seppänen A, Pour-Ghaz M. Electrical resistance tomography to monitor unsaturated moisture flow in cementitious materials［J］. Cement and Concrete Research, 2015, 69: 10-18.

［51］York T. Status of electrical tomography in industrial applications［C］, Proceedings of SPIE - The International Society for Optical Engineering, Boston, MA, United states, 2001: 175-190.

［52］Wang Q, Wang M, Wei K, et al. Visualization of gas-oil-water flow in horizontal pipeline using dual-modality electrical tomographic systems［J］. IEEE Sensors Journal, 2017, 17(24): 8146-8156.

［53］Li X, Jaworski A J, Mao X. Bubble size and bubble rise velocity estimation by means of electrical capacitance tomography within gas-solids fluidized beds［J］. Measurement, 2018, 117: 226-240.

［54］Xie C G, Plaskowski A, Beck M S. 8-electrode capacitance system for two-component flow identification-Pt. 1: Tomographic flow imaging［J］. IEEE Proceedings A, 1989, 136(4): 173-183.

［55］Huang S M, Plaskowski A B, Xie C G, et al. Tomographic imaging of two-component flow using capacitance sensors [J]. Journal of Physics E Scientific Instruments, 1989, 22(3): 173-177.

[56] Annamalai G, Pirouzpanah S, Gudigopuram S R, et al. Characterization of flow homogeneity downstream of a slotted orifice plate in a two-phase flow using electrical resistance tomography [J]. Flow Measurement and Instrumentation, 2016, 50: 209-215.

[57] Saoud A, Mosorov V, Grudzien K. Measurement of velocity of gas/solid swirl flow using electrical capacitance tomography and cross correlation technique[J]. Flow Measurement and Instrumentation, 2016, 53: 133-140.

[58] Beek M S, Byars M, Dyakowski T. Principles and industrial applications of electrical capacitance tomography[J]. Measurement & Control, 1997, 30(7): 197-200.

[59] Wang A, Marashdeh Q, Fan L S. ECVT imaging and model analysis of the liquid distribution inside a horizontally installed passive cyclonic gas-liquid separator[J]. Chemical Engineering Science, 2016, 141: 231-239.

[60] 田海军, 周云龙. 电容层析成像技术研究进展[J]. 化工自动化及仪表, 2012, 39(11): 4-9.

[61] Yang Y J, Peng L H, Jia J B. A novel multi-electrode sensing strategy for electrical capacitance tomography with ultra-low dynamic range[J]. Flow Measurement & Instrumentation, 2017, 53: 67-79.

[62] Wang X X, Hu H L, Jia H Q, et al. An Ast-Elm method for eliminating the influence of charging phenomenon on ECT[J]. Sensors, 2017, 17(12): 2863.

[63] 王海刚, 邱桂芝, 叶佳敏, 等. 流化床颗粒制备过程层析成像测量和优化控制[J]. 工程热物理学报, 2015(5): 1015-1018.

[64] 黄志尧, 赵昀, 王保良, 等. 电容层析成像两相流流型可视化系统[J]. 仪器仪表学报, 2001, 22(5): 458-461.

[65] Zhou W, Jiang Y, Liu S, Liu J. Direct three dimensional imaging based on parallel-helical ECT[J]. IEEE Sensors Journal, 2017, 17(24): 8129-8136.

[66] 薛倩, 王化祥, 马敏, 等. 基于改进互相关法的气固两相栓塞流速测量[J]. 化工学报, 2014, 65(10): 3820-3828.

[67] Tan C, Wang NN, Dong F. Oil-water two-phase flow pattern analysis with ERT based measurement and multivariate maximum Lyapunov exponent[J]. Journal of Central South University, 2016, 23(1): 240-248.

第 2 章　静电法多相流检测技术

静电法多相流检测技术通常用于气固两相流参数检测，如应用于颗粒粉体气力输送系统。在颗粒粉体气力输送过程中，由于颗粒之间的碰撞、颗粒与管道之间的接触摩擦和颗粒与气体之间的相对滑移，管道内部流动的颗粒会产生自然荷电。当带电颗粒流经静电传感器时，静电传感器周围的电场会不断发生变化，进而导致感应电极表面的感应电荷及感应电势的不断变化，该变化包含了大量的流动信息(如流速、浓度和流型等)。

第 1 节　静电传感器测量原理

1. 静电传感器数学模型

颗粒荷电是气固两相流动中的固有现象，两相流中的静电传感器是基于颗粒静电效应而测量颗粒流动静电流噪声的传感器。当带电颗粒流过静电传感器时，传感器内、外表面上由于静电感应会产生电荷，颗粒带电在感应电极上产生的感应电荷之和就是感应电荷量(可以把单个颗粒电荷看作点电荷)。

静电传感器敏感场的数学模型可以用静电场的 Possion 方程及其边界条件来描述：

$$
\begin{cases}
\nabla \left[\varepsilon_0 \varepsilon(x, y, z) \nabla \varphi(x, y, z) \right] = -\rho(x, y, z), \\
\varphi(x, y, z) \big|_{(x, y, z) \in \Gamma_s} = 0, \\
\varphi(x, y, z) \big|_{(x, y, z) \in \Gamma_{ie}} = 0, \\
\boldsymbol{E}_\infty = 0
\end{cases}
\tag{2-1}
$$

式中，ε_0 为真空介电常数；$\varepsilon(x, y, z)$ 为材料的相对介电常数分布；$\varphi(x, y, z)$ 为场域内的电势分布函数；Γ_s 为接地屏蔽罩构成的边界；Γ_{ie} 为第 i 个电极构成的边界；$\rho(x, y, z)$ 为场域内的电荷密度；$\boldsymbol{E}_\infty$ 为无穷远处的电场强度。

静电传感器电极上的感应电量可以表示为：

$$
q = \int_A \boldsymbol{D}(x, y, z) \mathrm{d}A = \varepsilon_0 \int_A \varepsilon(x, y, z) \boldsymbol{E}(x, y, z) \mathrm{d}A
\tag{2-2}
$$

式中，A 为阵列中每个电极的表面积；ε_0 为真空介电常数；$\varepsilon(x, y, z)$ 为固相/离散相的相对介电常数分布；$D(x, y, z)$ 为 A 上的电位移矢量。

静电传感器的灵敏度指的是在敏感空间内，单位点电荷作用下的相应电极上感应电量的绝对值。因此，灵敏度（S）与点电荷所在的敏感空间位置 (x, y, z) 有关，即：

$$S(x, y, z) = \left| \frac{q}{Q(x, y, z)} \right| \tag{2-3}$$

式中，$S(x, y, z)$ 为灵敏度；Q 为点电荷带电量；q 为点电荷电量为 Q 时电极上感应电量。

2. 静电传感器测量电路原理

基于静电感应原理，当带电粒子通过静电传感器敏感区域时，会在其上产生一定量的电荷 $q(t)$，此时，静电传感器可等效为一电荷源，其等效电路如图 2-1 所示。

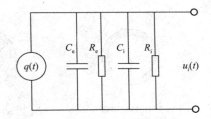

图 2-1 静电传感器等效电路图

C_e—电极电容；R_e—漏电阻；C_i—前置放大器的输入电容；R_i—前置放大器的输入电阻；

C_c—电缆的分布电容；$u_i(t)$—静电传感器后面的前置放大器的输入电压

根据基尔霍夫电流原理可得：

$$\frac{dq(t)}{dt} = C\frac{du_i(t)}{dt} + \frac{u_i(t)}{R} \tag{2-4}$$

式中，$R = (R_e \cdot R_i)/(R_e + R_i)$；$C = C_e + C_i$；$q(t)$ 为电极上的感应电量。

当初始条件 $q(0) = 0$ 时，对式（2-4）应用拉普拉斯变换得：

$$\frac{U_i(s)}{Q(s)} = \frac{sR}{1 + sRC} \tag{2-5}$$

式中，$U_i(s)$ 为接口电路输出电压 $u_i(t)$ 的拉普拉斯变换；$Q(s)$ 为 $q(t)$ 的拉普拉斯变换。

令 $s = j\omega$，ω 为角频率。通常境况下，时间常数 $|j\omega RC| \ll 1$，则有：

$$U_i(j\omega) = j\omega RQ(j\omega) \tag{2-6}$$

则时域响应为：

$$u_i(t) = R\frac{\mathrm{d}q(t)}{\mathrm{d}t} \tag{2-7}$$

上式表明前置放大器的输入电压与探头上感应电荷对时间的变化率（即感应电流）成正比，因此接口电路为电阻性。

针对静电传感器的工作原理与等效电路，考虑到实际输出信号微弱、泄露电阻很大的特点，接口电路采用电荷放大器（即作为前置放大器）。静电传感器接口电路由 3 部分组成：第一级为前置放大器，将感应电荷转换为电压；第二级为电压放大电路；第三级为低通滤波电路。芯片选型参考方案为：前置放大器为高输入阻抗、高共模抑制比、低温漂、低噪音系数的 OPA128 电荷放大器；第二级反向放大电路选用 OP07；第三级为 OP07 构成的二阶有源低通滤波电路。

3. 静电传感器的敏感场分布

目前，人们已研发出多种用于多相流检测的静电传感器（图 2-2），主要分为接触式和非接触式两大类。

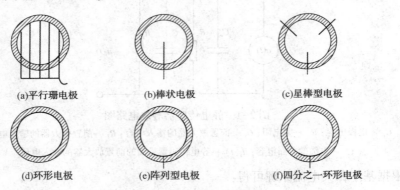

(a)平行珊电极　　　　(b)棒状电极　　　　(c)星棒型电极

(d)环形电极　　　　(e)阵列型电极　　　　(f)四分之一环形电极

图 2-2　常见的静电传感器

如图 2-2 中所示，常见的接触式电极有平行珊电极、棒状电极及星棒型电极，此类电极敏感元件的接触面积通常较小，只能准确检测到电极附近几十毫米的信号波动，导致其有效监测区域很小，如果电极尺寸较大，便会对流场起到干扰作用，进而影响管道内流场特性；且电极与粉体颗粒的持久摩擦容易造成磨损，因而需要频繁更换电极。常见的非接触式静电电极包括环形电极、阵列型电极、四分之一环形电极，此类电极均具有非侵入性，不会破坏流场，响应快且结构简单，安装简易，易实现电磁屏蔽，抗机械振动干扰能力强，可用于恶劣的工业现场环境下的流动参数测量。

在复杂的工业应用现场，无论是接触式还是非接触式的敏感元件结构，都要求具有良好的导电性，测试微弱的信号时，需要对静电敏感元件进行较好的屏蔽,以隔离开现场噪声对测试信号的影响。并且,不同结构的电极都有各自的应用要求和适用场合。

以环形电极为例,对其敏感场分布进行分析。环形静电传感器径向及轴向结构如图 2-3 所示。

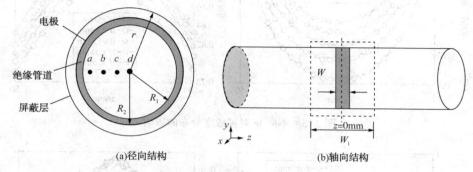

(a)径向结构　　(b)轴向结构

图 2-3　圆环静电传感器结构图

R_2—绝缘管道外半径;R_1—内半径;W—电极轴向长度;W_i—屏蔽罩轴向长度;r—屏蔽罩径向半径

图 2-4 所示为环形传感器的径向截面(取 $z=0mm$ 处)灵敏度分布和轴向(取图 2-3 中 a、b、c、d 四点的轴向延伸线)灵敏度分布。

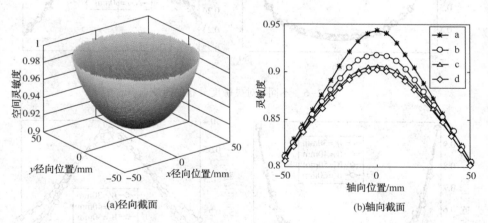

(a)径向截面　　(b)轴向截面

图 2-4　灵敏度分布

通过图 2-4(a)可知,相比于管道中心,电极对于靠近管道壁的带电颗粒更为敏感。通过图 2-4(b)可知,越靠近电极的区域灵敏度越高;离电极越远,灵敏度越低。影响环形电极敏感场分布的参数主要有电极轴向长度(W)、绝缘管道厚度、绝缘管道半径、屏蔽罩半径(r)、屏蔽罩轴向长度(W_i)等。在实际应用中,绝缘管道厚度和绝缘管道半径通常由气力输送管道决定。W、r、W_i 对灵敏度分布的影响如图 2-5~图 2-7 所示,横向位置取过中心点(d 点)的直线,径向位置取管道中心线。

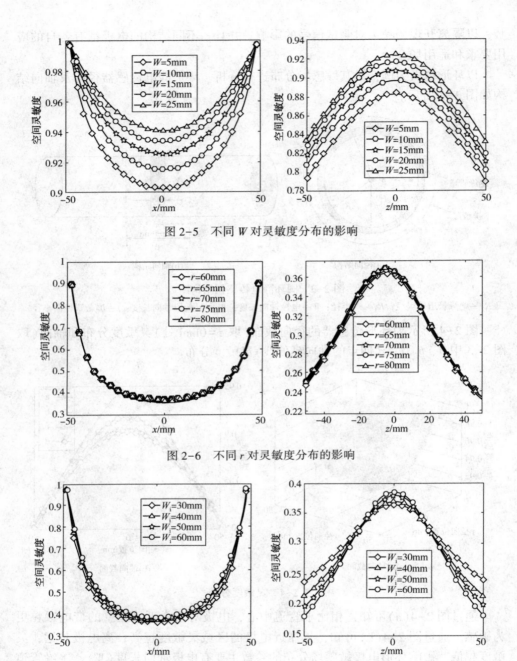

图 2-5　不同 W 对灵敏度分布的影响

图 2-6　不同 r 对灵敏度分布的影响

图 2-7　不同 W_i 对灵敏度分布的影响

　　从图 2-5~图 2-7 中可以看出，电极轴向宽度越大，轴向和径向上的灵敏度均越高，灵敏度均匀性也越好。屏蔽罩轴向长度越大，径向灵敏度均匀性越好，但是轴向灵敏度均匀性变差。而屏蔽罩半径大小对于传感器空间灵敏度的影响很小，可以忽略不计。通过以上分析，我们可以得出静电传感器灵敏度分布与各个影响因素之间的关系，利用该分析手段可以根据实际工业要求来选择合适的传感器尺寸。值得注意的是，由传感器的空间滤波特性可知，增加静电电极轴向长度可以提高空间灵敏度，却会导致静电传感器对高频信号的响应能力变弱；减少电极轴向长度，则会导致输出信号的幅值降低，信噪比下降，对屏蔽的要求也就更高。因此，选择合适的电极轴向长度至关重要。

第 2 节　静电法颗粒速度测量

颗粒速度是描述气固两相流流动特性的一个重要参数，实现颗粒速度的实时测量对于了解流体内部流动状态及生产过程的计量、节能与控制均具有重要意义。速度测量方法根据不同测量原理主要可分为：多普勒法、示踪法、互相关法及空间滤波法。其中，应用于静电法测速的方法主要有互相关法和空间滤波法。

1. 互相关法流速测量

互相关法测量流速的原理是以随机过程理论为基础的，基本思想是通过分析上、下游传感器获取的两相流体流动"噪声"信号，将对流速的测量转化成对渡越时间的测量。基于静电法的互相关流速测量原理示意图如图 2-8 所示。

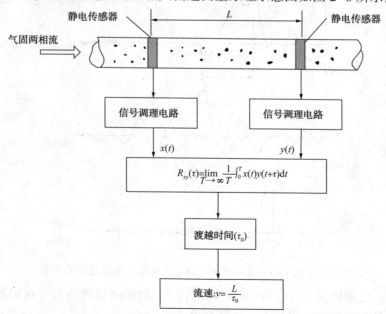

图 2-8　基于静电法的互相关流速测量原理

基于静电法的互相关流速测量技术是在颗粒流动管道上相距 L 处安装两个一致性好的静电电极，在粉体荷电颗粒流过静电传感器时，两传感器会检测到随机流动噪声信号，再经过同样的信号调理电路，则可以得到上、下游静电传感器中与被测流体速度、流型及相含率等相关的流动噪声信号 $x(t)$ 和 $y(t)$。当两个传感器间距离（L）足够小时，根据 Taylor 的"凝固"流型假设，流体经过静电电极对之间时，流动状态的改变很小，则静电输出信号 $x(t)$ 和 $y(t)$ 具有很强的相似性，只是两信号之间有一定时间的滞后（τ_0）：

$$x(t) = y(t + \tau_0) \tag{2-8}$$

将信号 $x(t)$ 和 $y(t)$ 作互相关运算，则互相关函数为：

$$R_{xy}(\tau) = \lim_{T \to \infty} \frac{1}{T} \int_0^T x(t) y(t + \tau) \, \mathrm{d}t \tag{2-9}$$

将式（2-8）带入式（2-9）可得：

$$R_{xy}(\tau) = \lim_{T \to \infty} \frac{1}{T} \int_0^T x(t) x(t + \tau - \tau_0) \, \mathrm{d}t = R_{xx}(\tau - \tau_0) \tag{2-10}$$

由自相关函数性质可得，$R_{xx}(0) \geqslant |R_{xx}(\tau)|$，可见，具有"凝固"流型假说的流体的互相关函数实际上是在时间上位移了 τ_0 的自相关函数。当 $t = \tau_0$ 时，R_{xy} 取最大值，即互相关函数 R_{xy} 图形的峰值位置所对应的时间 τ 就是所需求的渡越时间（图2-9）。

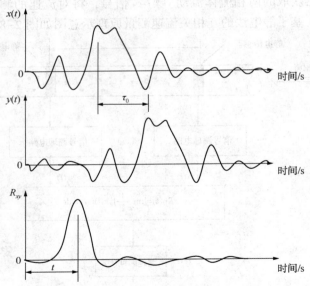

图2-9　基于静电法的互相关测速法的信号处理过程示意图

因此，已知两静电传感器之间的距离（L），利用峰值搜索程度找出渡越时间（τ_0），流体相关速度可以从下式计算得出：

$$v_c = \frac{L}{\tau_0} \quad (2-11)$$

在理想流动情况下，被测流体的平均流速 v_{cp} 可以用相关速度 v_c 来表示：

$$v_{cp} = v_c = \frac{L}{\tau_0} \quad (2-12)$$

然而，实际上流体的流动不可能完全符合"凝固"流型假设，因此，导致相关速度和实际流体的平均速度有所差异，这时通常要在式中引入校正因子 K：

$$v_{cp} = Kv_c = \frac{L}{\tau_0} \quad (2-13)$$

此外，互相关测速对信号有较强的依赖，由于气固两相流流动的复杂性，颗粒的尺寸和带电量的位置不确定，因此很难保证两路信号完全一致，导致互相关系数降低，进而导致测量的速度产生较大波动。通常认为互相关系数的绝对值大于 0.6 时是可以使用的。为了进一步去除测量信号中的噪声信号，可以对采样得到的信号进行 FIR 数字滤波，或使用最小二乘法拟合相关曲线，进而达到减小误差的目的。

2. 空间滤波法流速测量

空间滤波法起初可以看作一种光学测速方法，它是由 Ator 于 20 世纪 60 年代提出的，能够很好地实现固体颗粒移动速度的测量。它具有稳定性高、结构简单、数据易于处理等优点。近年来，基于静电传感器的空间滤波测速法开始应用于气固两相流中固相速度的测量。传感器的电极具有一定的几何结构，当电极的"敏感元件窗口"检测流经的流体时，敏感器件对静电流噪声将以特定空间权函数进行加权平均，因此，相当于在被测流体静电流噪声的基础上加了一个空间低通滤波器。其测量原理示意图如图 2-10 所示。

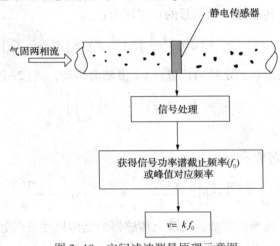

图 2-10　空间滤波测量原理示意图

由图 2-10 可知，截止频率 (f_0) 的计算是空间滤波测速的核心。以圆环型电极为例。由于环形电极是轴对称的，电极上产生的感应电荷 (q) 可以表示为：

$$q = \iint i(z,\ r)\ s(z,\ r)\mathrm{d}z\mathrm{d}r \tag{2-14}$$

式中，$i(z,\ r)$ 为敏感区域内轴向为 z、半径为 r 的圆周上的颗粒静电荷分布，称为静电流噪声；$s(z,\ r)$ 为静电传感器空间灵敏度分布函数。

假设颗粒仅在轴向 z 以速度 v 运动，则感应电量 $[\,q(t)\,]$ 为：

$$q(t) = \iint i(z+vt,\ r)s(z,\ r)\mathrm{d}z\mathrm{d}r \tag{2-15}$$

$q(t)$ 的自相关函数定义为：

$$\phi_q(\tau) = E[\,q(t)q(t+\tau)\,] = E\Big[\iint i(z+vt+v\tau,\ r)\ s(z,\ r)\mathrm{d}z\mathrm{d}r \cdot$$

$$\iint i(\alpha+vt,\ \beta)s(\alpha,\ \varphi)\mathrm{d}\alpha\mathrm{d}\beta\Big] \tag{2-16}$$

由维纳-辛钦定理，$q(t)$ 的功率谱 (S_q) 为：

$$S_q = \int_{-\infty}^{+\infty}\phi_q(\tau)\exp(-j2\pi f\tau)\mathrm{d}\tau = \iint S_i(f_z,\ f_r)\mid S(f_z,\ f_r)\mid^2\delta(f_z v - f)\mathrm{d}f_z\mathrm{d}f_r$$

$$= \frac{1}{v}\int S_i\Big(\frac{f}{v},\ f_r\Big)\left|S\Big(\frac{f}{v},\ f\Big)\right|^2\mathrm{d}f_r \tag{2-17}$$

式中，$S_i(f_z,\ f_r)$ 为静电流噪声 $i(z,\ r)$ 的功率谱；$S(f_z,\ f_r)$ 为空间灵敏度分布函数的傅里叶变换。

结合接口电路的式 (2-6) 可得：

$$U_i(j\omega) = j\omega R Q(j\omega) \tag{2-18}$$

假设 $R=1\Omega$，传感器输出信号的功率谱为：

$$S_u = |jw|^2 \cdot S_q = (2\pi f)^2\frac{1}{v}\int S_i\Big(\frac{f}{v},\ f_r\Big)\left|S\Big(\frac{f}{v},\ f\Big)\right|^2\mathrm{d}f_r \tag{2-19}$$

如果静电流噪声在固定径向位置 (r) 上沿轴向运动，式 (2-19) 可以简化为：

$$S_u \approx k_0(2\pi f)^2\frac{1}{v}\left|S\Big(\frac{f}{v}\Big)\right|^2 \tag{2-20}$$

式中，k_0 为常数。

理论上 $S(f_z)$ 可表示为：

$$S(f_z) = \frac{a\sqrt{\pi}}{\sqrt{b}}\exp\left[-\frac{(\pi f_z)^2}{b}\right] + \frac{c\sqrt{\pi}}{\sqrt{d}}\exp\left[-\frac{(\pi f_z)^2}{d}\right] \tag{2-21}$$

式中，a、b、c、d 均为正常数，与静电传感器的结构尺寸及点电荷在传感器的径向位置有关。因此，式 (2-21) 可以改为：

$$S_u \approx k_0 \left(2\pi f\right)^2 \frac{1}{v} \cdot \left\{ \frac{a\sqrt{\pi}}{\sqrt{b}} \exp\left[-\frac{(\pi f)^2}{bv^2} \right] + \frac{c\sqrt{\pi}}{\sqrt{d}} \exp\left[-\frac{(\pi f)^2}{dv^2} \right] \right\}^2$$

（2-22）

在频谱特性的尖峰处，即导数为零时，存在：

$$\frac{a}{\sqrt{b}} \exp\left[-\frac{(\pi f)^2}{bv^2} \right]\left[1 - \frac{2(\pi f)^2}{bv^2} \right] + \frac{c}{\sqrt{d}} \exp\left[-\frac{(\pi f)^2}{dv^2} \right]\left[1 - \frac{2(\pi f)^2}{dv^2} \right] = 0$$

（2-23）

在径向位置 r 处引入常数 g_r，式(2-23)的解为：

$$v/f_{max} = g_r \qquad\qquad (2-24)$$

式中，g_r 为集合特征常数，与传感器的集合形状及径向位置 r 相关；f_{max} 是输出信号频谱的尖峰频率值。因此，获得了 f_{max}，便可以计算出颗粒的平均速度。

在实际气力输送过程中，由于固相颗粒的分布是未知的，速度分布也是非均匀的，这时通常根据实验标定在式中引入校正因子 K：

$$v_m = Kg_0 f_{max} \qquad\qquad (2-25)$$

式中，K 由实验标定确定；g_0 为中心轴线上的几何特征常数。

由于环境的干扰，通常会导致静电传感器输出信号中含有大量噪声。在功率谱特性曲线上，表现为各点离散程度较大，波峰不明显，甚至被其他的波峰掩盖，这为峰值的精确确定带来困难，影响颗粒流动速度的准确测量。此时，可以将小波变换的多尺度分析等方法应用于频谱特性曲线的平滑处理，实现对频谱特性曲线趋势项的提取，进而有效克服数据中周期性因素、白噪声和脉冲性噪声的影响，提高速度的测量精度。

第3节 静电法流型识别

静电法气固两相流流型识别主要包括3个基本步骤：信号采集、特征提取及特征识别。图2-11所示为气力输送系统中常见的3种典型流型(均匀流、绳流及层流)下采集到的3组静电传感器输出信号，其中，流型判别以实验观察为主。

流动噪声信号的实际频率集中在0~100Hz，在接下来的分析处理中，为了减少庞大的数据量，取测量到的流动噪声信号中间的较稳定的部分，并隔点提取数据用于分析。处理后采样频率降为2kHz，采样点数为6000个。仅从图2-11中很难发现信号与对应流型之间的关系，如果直接将采集到的数据输入分类模型进行流型识别，会造成数据量庞大、耗时过长，而且会有很多无关的信息降低识别效率。因此，有必要对信号进行特征提取，然后将包含流型信息的特征量输入分类器模型以实现流型识别。由于静电信号是一种非线性、非平稳性的随机信号，

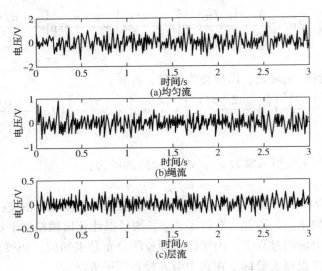

图 2-11 不同种流型下的静电信号

则利用恰当信号处理方法对其进行处理分析并提取特征量就显得尤为关键。这里介绍两种信号特征提取方法：希尔伯特-黄变换（Hilbert Huang Transfrom，HHT）特征提取方法和梅尔倒谱系数（Mel Frequency Cepstrum Coefficient，MFCC）特征提取方法。同时，分别结合神经网络模型和隐马尔可夫模型实现流型识别。

1. 基于 HHT 特征提取与神经网络模型的流型识别

　　静电信号是一种非线性、非平稳性的随机信号，HHT 是一种适用于非线性、非平稳信号的处理方法。它通过经验模式分解（Empirical Mode Decomposition，EMD）将信号的内部振荡模式逐级分离出来，并通过希尔伯特谱分析得到其瞬时频率和幅度。

　　HHT 是 1998 年由 N. E. Huang 及其合作者提出的一种自适应的、能适用非线性、非平稳信号的信号分析方法。该方法被认为是近年来对以傅里叶变换为基础的线性和平稳信号分析的一个重大突破。由于该时频方法不像傅里叶变换那样需要预先确定基函数，而是由信号本身确定各不相同的基函数，这样基函数具有自适应的特点，可以很好地分析信号的局部时频特性，并能得到信号的时间-频率-幅度三维分布，在时域和频域均具有很高的分辨率。该方法主要包含两个步骤：经验模式分解（EMD）和希尔伯特谱分析。EMD 用于把数据序列分解成有限个固有模态函数 IMF（Intrinsic Mode Function）；希尔伯特谱分析则是对分解得到的每个 IMF 分量作希尔伯特变换，从而得到时频平面上完整的能量分布谱图（希尔伯特谱），即得到瞬时频率和能量，而不是傅里叶谱分析中的全局频率和能量。求取静希尔伯特边际谱的过程如图 2-12 所示。

图 2-12 求取希尔伯特边际谱的流程图

1) EMD 过程

由于瞬时频率仅对单分量信号才有意义，为了进行变换分析，必须采用适当的方法将多分量信号分解为单分量信号的线性组合。对于单分量信号并没有严格的定义，而在实际应用中，局部平均值为零的一类信号能够满足瞬时频率的定义，同时又符合单分量信号的物理解释，这一类信号被称为固有模态函数 IMF。IMF 分量必须满足两个约束条件：

（1）在这个信号长度上，极值点和过零点的数目必须相等或至多相差一个；

（2）在任意时刻，由极大值点定义的上包络线和由极小值点定义的下包络线的平均值为零，即信号的上、下包络线关于时间轴对称。

通过 EMD 获取静电信号的 IMF 分量的步骤为：

（1）确定信号 $x(t)$ 的所有局部极值点，然后将局部极大值和局部极小值分别用三次样条曲线连接起来形成上包络线，使所有的数据点都包含在上、下包络线之间。

（2）求取上、下两条包络曲线的平均值，记为 $m_1(t)$，计算出：

$$h_1(t) = x(t) - m_1(t) \tag{2-26}$$

根据固有模态函数的两个条件来判断 $h_1(t)$ 是否是一个 IMF 分量。理想情况下，$h_1(t)$ 就是原信号的 $x(t)$ 第一个 IMF 分量。

（3）如果 $h_1(t)$ 不满足 IMF 分量的条件，则把 $h_1(t)$ 作为原始数据，重复步骤（1）（2）得到新的上、下包络曲线的平均值，并求取 $h_{11}(t) = h_1(t) - m_{11}(t)$，再判断 $h_{11}(t)$ 是否满足 IMF 的条件。如果仍不满足，则继续循环计算 k 次，得到 $h_{1k}(t) = h_{1(k-1)}(t) - m_{1k}(t)$，使得 $h_{1k}(t)$ 满足 IMF 的条件。记 $c_1(t) = h_{1k}(t)$，则 $c_1(t)$ 为信号的第一个 IMF 分量。

（4）将第一个 IMF 分量 $c_1(t)$ 从 $x(t)$ 中分离出来，得到：

$$r_1(t) = x(t) - c_1(t) \tag{2-27}$$

将 r_1 作为原始数据重复步骤（1）~（3），得到的第二个满足 IMF 条件的分量 $c_2(t)$，重复循环 n 次，得到信号的 n 个 IMF 分量，这样就有：

$$r_2(t) = r_1(t) - c_2(t) - \cdots - r_n(t) = r_{n-1}(t) - c_n(t) \tag{2-28}$$

当满足给定的迭代终止条件[通常使 $r_n(t)$ 成为一个单调函数，不能再从中提取 IMF 分量，或分解信号的上、下包络均值足够小时]，循环结束，这样可以得到：

$$x(t) = \sum_{i=1}^{n} c_i(t) + r_n(t) \tag{2-29}$$

式中，$c_i(t)$ 为各 IMF 分量；$r_n(t)$ 为残余函数，代表了信号中的平稳趋势。即原始信号被分解为 n 个 IMF 分量和一个残余量。

2）HHT、时频谱及边际谱

HHT 主要包括两个大的步骤：EMD 分解和希尔伯特谱分析。EMD 分解是基于信号的局部特征的时间尺度，将信号自适应地分解为若干个 IMF 分量之和，这样使得瞬时频率这一概念具有了实际的物理意义，然后，EMD 分解后的各 IMF 分量经过希尔伯特变换可以求得有明确物理意义的瞬时频率和幅度。

对式（2-29）中的每一个固有模态函数 $c_i(t)$ 进行 HHT 得到：

$$d_i(t) = \frac{1}{\pi} \int_{-\infty}^{\infty} \frac{c_i(t)}{t - \tau} d\tau \qquad (2-30)$$

定义一个解析信号 $z_i(t)$：

$$z_i(t) = c_i(t) + j d_i(t) = a_i(t) e^{j\theta_i(t)} \qquad (2-31)$$

于是得到相位函数：

$$\theta_i(t) = \arctan \frac{d_i(t)}{c_i(t)} \qquad (2-32)$$

进一步可以求取每一阶 IMF 的瞬时频率 $\omega_i(t)$：

$$\omega_i(t) = \frac{d\theta_i(t)}{dt} \qquad (2-33)$$

则原信号可以表示为：

$$x(t) = Re[a_i(t) e^{j\theta_i(t)}] = Re[a_i(t) e^{j\int \omega_i(t) dt}] \qquad (2-34)$$

式（2-34）反映了信号的幅值、时间和瞬时频率之间的关系，信号的幅值可以表示为时间（t）和瞬时频率（ω）的函数 $H(\omega, t)$，从而获得信号幅值的时间/频率联合分布——希尔伯特谱。它精确描述了信号的幅值在整个频率段上随频率和时间变化的规律，因此是信号的一种完整的时频分布。

根据希尔伯特谱可以进一步定义希尔伯特边际谱，将式（2-34）中得到的希尔伯特谱沿时间轴积分，可以得到边际谱：

$$h(\omega) = \int_0^T H(\omega, t) dt \qquad (2-35)$$

边际谱是对信号中各个频率成分的幅值（或能量）的整体测度，它表示了信号在概率意义上的累积幅值，反映了信号的幅值在整个频率段上随频率的变化情况。$H(\omega, t)$ 精确地描述了信号的幅值在整个频率段上随时间和频率的变化规律，而 $h(\omega)$ 则反映了信号的幅值在整个频率段上随频率的变化情况。

3）希尔伯特边际谱特征量的提取过程

这里可以提取出希尔伯特边际谱的 4 个特征量作为分类模型的输入，用于气固两相流的流型识别。这 4 个特征量分别是子带能量（SE）及其一阶差分（DSE），子带能量倒谱系数（SECC）及其一阶差分（DSECC）。特征量的提取过程如下：

（1）子带能量。

得到流动噪声的边际谱之（w）后，将 w 划分为 Y 个子频率带，按照式（2-36）分别计算每个子频率带的能量 E_i（$i=1,2,\cdots,Y$），得到特征矢量 $SE=(E_1,E_2,\cdots,E_Y)$，即子带能量。

$$SE_i = \sum_{j=1}^{N} h\,(\omega_j)^2,\ i=1,2,\cdots,Y \qquad (2\text{-}36)$$

式中，N 为每个子频率带的离散频率点数。

（2）子带能量倒谱系数。

首先对 SE_i（$i=1,2,\cdots,Y$）求自然对数，即：

$$lSE_i = \ln SE_i,\ i=1,2,\cdots,Y \qquad (2\text{-}37)$$

然后作一般形式的离散余弦变换（DCT），得到子带能量倒谱系数（SECC）：

$$SECC_m = \sum_{i=1}^{Y} lSE_i \cdot \cos\left[\frac{\pi m}{Y}\cdot\left(i-\frac{1}{2}\right)\right],\ m=1,2,\cdots,Y \qquad (2\text{-}38)$$

（3）子带能量一阶差分（DSE）。

$$DSE_i = SE_{i+1} - SE_i,\ i=1,2,\cdots,Y-1 \qquad (2\text{-}39)$$

（4）子带能量倒谱系数一阶差分（DSECC）。

$$DSECC_i = SECC_{i+1} - SECC_i,\ i=1,2,\cdots,Y-1 \qquad (2\text{-}40)$$

希尔伯特边际谱特征量提取过程如图 2-13 所示。

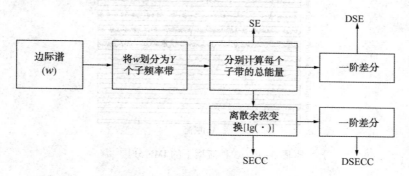

图 2-13　边际谱特征量的提取过程

4）基于 HHT 和 BPNN 的流型识别方案验证

对图 2-11 中的静电波动信号进行 HHT 处理，比较不同流型下静电波动信号的希尔伯特边际谱，并在此基础上提取其 4 个特征量。将不同流型的 4 个特征量分别作为神经网络分类器训练样本的输入向量，对应的流型作为神经网络分类器训练样本的输出向量，其基本过程如图 2-14 所示。

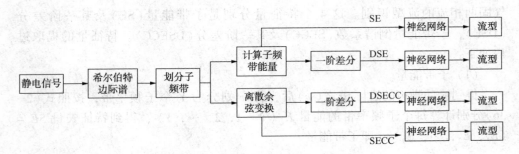

图 2-14　流型识别系统过程示意图

首先，对 3 种流型下的静电信号进行 EMD 分解，其结果如图 2-15 所示。

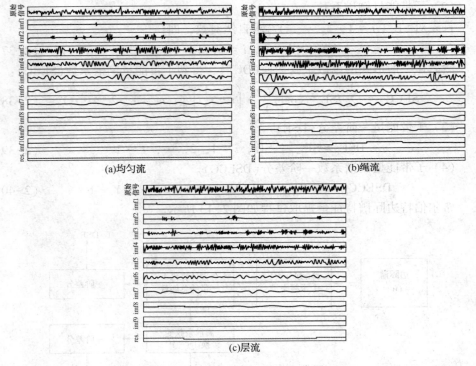

图 2-15　3 种流型下的 IMF 分量

观察图 2-15 所示 IMF 提取过程可知，频率高的本征模式函数先被提取出来，每次提取出来频率较低的信号，最终得到 n 个本征模式函数和一个余项，其频率由从高到低排列。可以看出，3 种流型的静电信号主要集中在低频区域，而高频分布都很少。3 种流型下的希尔伯特边际谱如图 2-16 所示。

希尔伯特边际谱提供了一种能测量每个频率值上的总体幅值或能量的分布方法，能够显示在整个时间域上的累积幅值或能量。很明显，随着气固两相流流型的变化，嵌入在不同频带的能量比率也发生了变化。从图中可以看出，3种流型下的希尔伯特边际谱谱线的基本趋势是相似的，即随着频率的升高，边际谱幅值逐渐减小。但3条曲线的幅值还是存在较大差异，在0~100Hz范围内，均匀流的幅值明显高于另外两种流型，层流的幅值最低，均

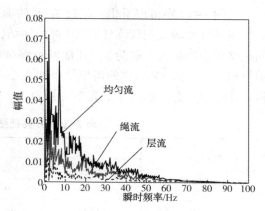

图2-16　3种流型下的希尔伯特边际谱
（只显示0~100Hz）

匀流的边际谱最大幅值为0.07，中心流为0.04，层流为0.01左右。也就是说，在瞬时频率域内，信号的能量是有明显差别的，所以将SE、DSE、SECC及DSECC作为希尔伯特边际谱的特征量进行流型识别是合理、可行的。静电信号希尔伯特边际谱的特征提取时，将0~100Hz频率范围平均划分为10个区域，每个子带宽度为10Hz；然后按照式(2-26)~式(2-40)求取各样本数据的SE、DSE、SECC及DSECC。

选用BP(Back-Propagation，BP)神经网络进行流型辨识，BP神经网络隐层的神经元个数选为10，隐层传递函数选输出范围为0~1的具有任意阶导数的非线性函数logsig，输出层传递函数为线性函数purelin，训练函数为traingdx，最大训练步数为200，训练目标误差为10^{-6}，其训练误差曲线如图2-17所示(以SE为例)。

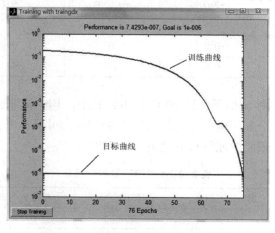

图2-17　训练误差曲线(以SE为例)

从图 2-17 中可以看出，经过 76 步的训练，均方根误差达到预定的要求。然后将测试样本输入到训练好的 BP 神经网络，为了与实际流型的编码相对应，将测试结果中的最大值取为 1，其他两个测试结果为 0，用 T 表示辨识正确，F 表示辨识错误。以 SE 为例的辨识结果如表 2-1 所示，SE、DSE、SECC 及 DSECC4 种特征量的综合辨识结果如表 2-2 所示。

表 2-1　SE 特征量辨识结果

实际流型		测试结果			
		码位 1	码位 2	码位 3	辨识结果
均匀流 （编码 100）	1	0.8634	−0.2006	0.2798	T
	2	0.9882	−0.2753	0.1675	T
	3	0.7763	0.2188	−0.0115	T
	…	…	…	…	…
	19	0.9560	−0.2674	0.2789	T
	20	0.7034	−0.6074	0.8325	F
绳流 （编码 010）	1	−0.0434	0.8907	0.0830	T
	2	−0.0106	0.9458	0.0379	T
	3	0.0045	0.9876	0.0201	T
	…	…	…	…	…
	19	−0.0679	0.0623	0.2397	F
	20	−0.1366	0.8756	0.2322	T
层流 （编码 001）	1	−0.0295	0.3046	0.7248	T
	2	−0.0439	0.0013	1.0409	T
	3	−0.0467	−0.0504	1.0941	T
	…	…	…	…	…
	19	−0.0414	−0.0618	1.0999	T
	20	−0.0359	0.0893	0.9473	T

表 2-1 中，每种流型下测试 20 组样本，其中，均匀流和绳流分别有两组识别错误，层流识别全部正确，综合识别率为 93.3%。可以看出，流动噪声信号希尔伯特边际谱的子带能量能够很好地进行流型识别。

表 2-2　4 种特征量辨识结果

特征量	均匀流识别率	绳流识别率	层流识别率	平均识别率
SE	85%	90%	100%	91.7%
DSE	70%	75%	85%	78.3%

特征量	均匀流识别率	绳流识别率	层流识别率	平均识别率
SECC	85%	85%	80%	83.3%
DSECC	90%	90%	100%	93.3%

通过表 2-2 可知，4 种方法都可以较好地识别流型。其中，基于子带能量一阶差分的流型识别方法效果较差，导致这一现象的主要原因可能是相邻子带间能量的差距不大，而经过计算一阶差分后值变得更小；基于自带能量倒谱系数一阶差分的流型识别方法效果最好，主要原因是通过计算倒谱后真实的静电波动信号被从电路或外界的干扰信号中分离出来，进而提高了流型识别率。

2. 基于 MFCC 特征提取与 HMM 模型的流型识别

静电信号表示的是管道内颗粒碰撞、摩擦、分离的状态，是一种无序、瞬变、非平稳的过程，通常被称为流动"噪声信号"，该信号与语音信号特性有很强的相似性。借鉴语音信号处理方法，可以对静电噪声信号经过预处理后提取梅尔倒谱系数（Mel Frequency Cepstrum Coefficient，MFCC）特征量，用特征量训练隐马尔可夫模型（Hidden Markov Model，HMM），建立不同流型的模型库。然后，将未知流型的特征参数送入不同流型的 HMM 模型，输出概率最大的模型即对应该信号属于的流型。

1）梅尔倒谱系数 MFCC 特征提取

人耳感知到的声音频率并不是实际的声音频率，Mel 频率尺度更接近人耳的听觉。目前，MFCC 作为一个标准的特征提取方法，广泛应用于语音识别、文字识别和医疗诊断等领域。

MFCC 用于提取静电信号特征量的方法为：先将静电信号进行分帧，这里设置帧长 256，采样频率大概为 47.6kHz，因此一帧的时间长度大致为 6ms，符合短时平稳特性，帧移 64；然后对每一帧信号加汉明窗以减小吉布斯效应，补偿高频部分。对每一帧序列进行快速傅里叶变换（Fast Fourier Transform，FFT），将时域信号变为频域信号，取模的平方得到离散功率谱。用依照 Mel 刻度分布的三角滤波器组作卷积、取对数，作离散余弦变换，得到 MFCC 各阶参数。进行 DCT，主要用来去除各维向量的相关性，舍弃直流分量和高阶分量，得到 1~12 阶 MFCC 参数。以上是标准的 MFCC 提取特征，提取流程如图 2-18 所示。

通过上述过程得到的 MFCC 反应的是静电信号的静态特性，为获取动态特性，可加入一阶差分 MFCC 参数：

$$d(n) = \frac{1}{\sqrt{\sum_{i=-r}^{r} i^2}} \sum_{i=-r}^{r} ic(n+i) \tag{2-41}$$

式中，c 为得到的一帧 MFCC 参数；r 取 2。由此可得到一阶差分 MFCC 参数。将 12 阶 MFCC 及其一阶差分参数共 24 阶合并为一个矢量，共同作为一帧静电信号的特征参数。

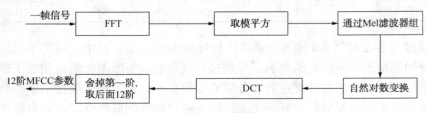

图 2-18　MFCC 参数提取流程

2）隐马尔可夫模型

HMM 理论基础于 1970 年前后由 Baum 等建立，随后被应用于语音识别中。HMM 合理描述了人的言语过程，同时，它可以表示信号的短时平稳性（在某一状态下），又可以表示信号的非平稳性（状态之间发生转移），是一种非常理想的适用于非平稳信号分析的模型。

基本马尔可夫模型：考虑连续时间上的一系列状态，在 t 时刻的状态被记为 $w(t)$，一个（在时间上）长为 T 的状态序列 $w^{\mathrm{T}} = \{w(1), w(2), \cdots, w(T)\}$。产生序列的机理是通过转移概率，表示系统在 t 时的状态为 w_i，在 $t+1$ 时状态为 w_j 的概率，记为 $P[w_j(t+1) \mid \omega_i(t)] = a_{ij}$。由于这个概率是与具体时刻无关，因此可以用 a_{ij} 而不是 $a_{ij}(t)$ 来表示（图 2-19）。

在基本马尔可夫模型中，用节点来表示离散的状态 w_i，而连线则表示转移概率 a_{ij}。在一阶离散时间马尔可夫模型中，在任意时刻 t，系统位于状态 $w(t)$，而 $t+1$ 时刻，系统所位于的状态则是一个随机函数，与 t 时刻系统的状态和转移概率相关。

假设在某一时刻 t，系统都处于某一状态 $w(t)$ 中，同时这个系统还激发出某可被观测到的符号 $o_k(t)$，则把这个概率记为 $P[o_k(t) \mid w_j(t)] = b_{jk}$。由于只能观测到可见的状态，而不能直接知道 w_j 处于哪个内部状态，所以整个模型就被成为隐马尔可夫模型（图 2-20）。

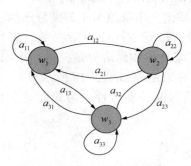

图 2-19　基本马尔可夫模型

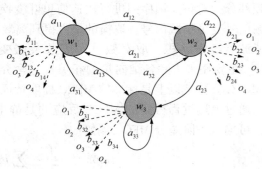

图 2-20　隐马尔可夫模型

该模型中有 3 个隐形状态，他们之间的连线是隐形状态之间的转移概率。这个模型表示任何方式的状态都是可能的。然而，在一般的 HMM 中，这种任意的状态转移并不能得到保证。HMM 包括 3 个核心基本问题：

（1）概率计算问题：假设 HMM 的转移概率 a_{ij} 和 b_{jk} 均已知，计算这个模型产生某一个特定观察序列的概率。

（2）预测问题：假设 HMM 和它所产生的一个观测序列已知，判断最有可能产生这个可见观察序列的隐状态序列。

（3）学习问题：假设 HMM 的大致结构（比如隐状态数量和可见状态数量）已知，但 a_{ij} 和 b_{jk} 均未知，从一组可见符号的训练序列中，决定这些参数。

HMM 可以表示为 $\lambda = (N, M, \boldsymbol{\pi}, \boldsymbol{A}, \boldsymbol{B})$，其中，$N$ 为模型的状态数；M 为每个状态尽可能多的对应观测值个数；$\boldsymbol{\pi} = (\pi_i)$，为各状态初始概率分布，$\pi_i = P[q_1 = i]$，$1 \leqslant i \leqslant N$；$\boldsymbol{A} = \{a_{ij}\}$，为状态转移概率矩阵，$a_{ij} = P[q_{t+1} = j \mid q_t = i]$，$1 \leqslant i, j \leqslant N$；$\boldsymbol{B} = \{b_j(o)\}$，为输出观察序列的概率分布矩阵，根据 $b_j(o)$ 为连续值或离散值可将 HMM 分为连续型和离散型，可采用连续高斯混合密度（Continuous Gaussian Mixture，CGM）来拟合各状态下的观测概率密度函数构成 CGHMM（Continuous Gaussian Hidden Markov Model）。CGHMM 的 $\boldsymbol{B}$ 不再是离散的矩阵，而是混合高斯概率密度函数，即：

$$b_j(o) = \sum_{l=1}^{M} c_{jl} N(o, \boldsymbol{\mu}_{jl}, \boldsymbol{U}_{jl}) \qquad (2-42)$$

式中，M 为每个状态包含的高斯元的个数；c_{jl} 为第 j 状态第 l 个高斯函数的权值，$\sum_{l}^{M} c_{jl} = 1$，$1 \leqslant j \leqslant N$；$N$ 为正态高斯概率密度函数；$\boldsymbol{\mu}_{jl}$ 为第 j 状态第 l 个高斯函数的均值矢量；$\boldsymbol{U}_{jl}$ 为第 j 状态第 l 个高斯函数的协方差矩阵。

该模型每个状态都用正态高斯概率密度函数（Probability Density Function，PDF）通过权值的线性组合来表示，这样不需要对输出序列进行量化处理，能够比较准确地表示初始信号，有利于提高识别精度。CGHMM 参数可以表示为：$\lambda = (\boldsymbol{A}, \boldsymbol{\pi}, c_{jl}, \boldsymbol{\mu}_{jl}, \boldsymbol{U}_{jl})$，此外，还有常量 N 和 M。一个 HMM 具有 4 个状态，每个状态下有 3 个高斯概率密度函数。即 $N = 4$，$M = [3, 3, 3, 3]$。

3）CGHMM 训练及识别

CGHMM 训练，即模型的学习问题，是在已知输出序列的情况下，调整模型 λ 的参数以使输出概率 $P(\boldsymbol{O} \mid \boldsymbol{\lambda})$ 最大。CGHMM 识别，实际是在给定了观察序列和模型参数后，计算每个模型下的输出概率 $P(\boldsymbol{O} \mid \boldsymbol{\lambda}_i)$，输出概率最大的模型即对应的流型。

（1）聚类算法优化初始模型参数。

在进行模型训练之前，需要先进行模型参数初始化。

$\boldsymbol{\zeta}$ 和 $\boldsymbol{A}$ 初始值选取时，一般如下：

$$\boldsymbol{\zeta} = [1, \ 0, \ 0, \ 0], \ \boldsymbol{A} = \begin{bmatrix} 0.5 & 0.5 & 0 & 0 \\ 0 & 0.5 & 0.5 & 0 \\ 0 & 0 & 0.5 & 0.5 \\ 0 & 0 & 0 & 1 \end{bmatrix} \tag{2-43}$$

而对于 c_{jl}、$\boldsymbol{\mu}_{jl}$ 和 $\boldsymbol{U}_{jl}$ 参数，则采用聚类算法选择初始值，按状态数对观察序列的参数进行平均分段，接着将观察序列属于一个段的参数组成一个较大的矩阵，再调用聚类函数，计算得到初始的 c_{jl}、$\boldsymbol{\mu}_{jl}$ 和 $\boldsymbol{U}_{jl}$。

（2）基于向前向后算法（Baum-Welch）的模型训练。

前向概率即 $\alpha_t(i) = P(o_1, \ o_2, \ \cdots, \ o_t, \ q_t = i \mid \lambda)$，代表在 HMM 给定的情况下，观察序列 $o_1, \ o_2, \ \cdots, \ o_t$ 在 t 时刻状态 i 的概率。可以采用动态标定的方法克服多项连乘造成的下溢问题。前向概率计算方式如下：

$$\begin{cases} \alpha_1(i) = \pi_i b_i(o_1), \\ c_1 = \dfrac{1}{\sum\limits_{i=1}^{N} \alpha_1(i)}, \quad 1 \leqslant i \leqslant N \\ \hat{\alpha}_1(i) = c_1 \alpha_1(i), \end{cases} \tag{2-44}$$

式中，$\hat{\alpha}$ 为标定后的前向概率；α 为标定前的前向概率。

当 $2 \leqslant t \leqslant T$ 时，计算 $\hat{\alpha}$ 过程如下：

$$\begin{cases} \alpha_t(i) = \sum\limits_{j=1}^{N} \alpha_{t-1}(j) a_{ji} b_i(o_t) \\ c_t = \dfrac{1}{\sum\limits_{i=1}^{N} \alpha_t(i)} \\ \hat{\alpha}_t(i) = c_t \alpha_t(i) \end{cases} \tag{2-45}$$

定义后向概率 $\beta_t(i) = P(o_{t+1} o_{t+2} \cdots o_T, \ q_t = i \mid \lambda)$，代表在 HMM 给定的情况下，观察序列在 t 时刻的状态 i，输出观察序列 $o_{t+1} o_{t+2} \cdots o_T$ 的概率。计算如下：

$$\begin{cases} \beta_T(i) = \tilde{\beta}_T(i) = 1, \ 1 \leqslant i \leqslant N \\ \hat{\beta}_T(i) = c_T \beta_T(i) \end{cases} \tag{2-46}$$

式中，$\hat{\beta}$ 为标定后的前向概率；β 为标定前的前向概率；c_T 通过计算前向概率而得到。

当 $2 \leqslant t \leqslant T$ 时，计算 $\hat{\beta}$ 过程如下：

$$\begin{cases} \beta_t(i) = \sum\limits_{j=1}^{N} a_{ij} b_j(o_{t+1}) \tilde{\beta}_{t+1}(j), \ 2 \leqslant t \leqslant T-1, \ 1 \leqslant i, j \leqslant N \\ \hat{\beta}_t(i) = \beta_t(i)/C_{t+1}, \ 2 \leqslant t \leqslant T-1, \ 1 \leqslant i \leqslant N \end{cases} \tag{2-47}$$

采用 Baum-Welch 算法对 CGHMM 参数进行重估,以使模型参数更能反映输入的观察序列的本质特征。这里观察序列为多观察序列,即在同一种流型下,采集多组静电传感器的输出数据,并对每一组数据提取 MFCC 特征量,将提取到的多组 MFCC 特征量作为多观察序列通过 Baum-Welch 算法进行模型训练。

K 个观察序列组成的集合为:$\boldsymbol{O} = [\boldsymbol{O}^{(1)}, \boldsymbol{O}^{(2)}, \cdots, \boldsymbol{O}^{(k)}, \cdots, \boldsymbol{O}^{(K)}]$,$\boldsymbol{O}^{(k)}$ 为第 k 个观察序列,设其时间长度为 T_k,即 $\boldsymbol{O}^{(k)} = [o_1^{(k)}, o_2^{(k)}, \cdots, o_{Tk}^{(k)}]$。

设定过渡概率 $\varepsilon_t(i, j)$ 为观察序列在 t 时刻处于状态 i、在 $t+1$ 时刻处于状态 j 时的概率,计算如下:

$$\varepsilon_t(i, j) = P(q_t = i, \ q_{t+1} = j \mid \boldsymbol{O}, \ \lambda) \tag{2-48}$$

根据前面对于前向概率和后向概率的推导,可将过渡概率表示为:

$$\xi_t(i, j) = \frac{\hat{\alpha}_t(i) a_{ij} b_j(o_{t+1}) \hat{\beta}_{t+1}(j) c_t}{\sum_{l=1}^{N} \hat{\alpha}_t(l) \hat{\beta}_t(l)} \tag{2-49}$$

进而得到重估的状态转移矩阵:

$$\bar{a}_{ij} = \frac{\sum_{k=1}^{K} \sum_{t=1}^{T_k-1} \xi_t^{(k)}(i, j)}{\sum_{k=1}^{K} \sum_{t=1}^{T_k-1} \sum_{l=1}^{N} \xi_t^{(k)}(i, l)} \tag{2-50}$$

定义 $\gamma_t(j, l)$ 为观察序列在 t 时刻处于状态 j 的情况下,对于第 l 个高斯元的输出概率,也可称之为混合输出概率,则:

$$\gamma_t(j, l) = \frac{\hat{\alpha}_t(j) \hat{\beta}_t(j)}{\sum_{i=1}^{N} \hat{\alpha}_t(i) \hat{\beta}_t(i)} \frac{c_{jl} N(o_t, \boldsymbol{\mu}_{jl}, \boldsymbol{U}_{jl})}{\sum_{m=1}^{M} c_{jm} N(o_t, \boldsymbol{\mu}_{jm}, \boldsymbol{U}_{jm})} \tag{2-51}$$

根据 Baum-Welch 理论,c_{jl}、$\boldsymbol{\mu}_{jl}$ 和 $\boldsymbol{U}_{jl}$ 的重估式为:

$$\bar{c}_{jl} = \frac{\sum_{k=1}^{K} \sum_{t=1}^{T_k} \gamma_t^{(k)}(j, l)}{\sum_{k=1}^{K} \sum_{t=1}^{T_k} \sum_{m=1}^{M} \gamma_t^{(k)}(j, m)} \tag{2-52}$$

$$\bar{\boldsymbol{\mu}}_{jl} = \frac{\sum_{k=1}^{K} \sum_{t=1}^{T_k} \gamma_t^{(k)}(j, l) o_t^{(k)}}{\sum_{k=1}^{K} \sum_{t=1}^{T_k} \gamma_t^{(k)}(j, l)} \tag{2-53}$$

$$\overline{U}_{jl} = \frac{\displaystyle\sum_{k=1}^{K} \sum_{t=1}^{T_k} \gamma_t^{(k)}(j, l)(o_t^{(k)} - \boldsymbol{\mu}_{jl})(o_t^{(k)} - \boldsymbol{\mu}_{jl})^t}{\displaystyle\sum_{k=1}^{K} \sum_{t=1}^{T_k} \gamma_t^{(k)}(j, l)} \qquad (2\text{-}54)$$

训练流程为：对静电信号提取 MFCC 参数特征量后，得到观察序列 $\boldsymbol{O} = [\boldsymbol{O}^{(1)}, \boldsymbol{O}^{(2)}, \cdots, \boldsymbol{O}^{(K)}]$。采用聚类算法得到初始化模型 $\lambda = (\boldsymbol{A}, \boldsymbol{\pi}, c_{jl}, \boldsymbol{\mu}_{jl}, \boldsymbol{U}_{jl})$。此后，在观察序列和初始模型参数的基础上，由式(2-51)~式(2-55)得到新的模型参数 $\overline{\lambda} = \{\overline{\boldsymbol{\pi}}, \overline{\boldsymbol{A}}, \overline{c}_{jl}, \overline{\boldsymbol{\mu}}_{jl}, \overline{\boldsymbol{U}}_{jl}\}$，并按照特定的规则判断 $P(\boldsymbol{O} \mid \overline{\lambda})$ 是否收敛，假如不收敛，就把参数 $\overline{\lambda}$ 作为式(2-51)~式(2-55)的输入再次重估参数，修正模型，直至 $P(\boldsymbol{O} \mid \overline{\lambda})$ 收敛，最后输出的 $\overline{\lambda}$ 即训练完成的模型。

（3）基于 Viterbi 算法的模型识别。

Viterbi 算法用来解决在模型参数 $\lambda = (\boldsymbol{A}, \boldsymbol{\pi}, c_{jl}, \boldsymbol{\mu}_{jl}, \boldsymbol{U}_{jl})$ 和观察序列 $\boldsymbol{O} = [\boldsymbol{O}^{(1)}, \boldsymbol{O}^{(2)}, \cdots, \boldsymbol{O}^{(K)}]$ 已知的情况下，计算观察序列通过该模型的输出概率 $P(\boldsymbol{O} \mid \overline{\lambda})$ 问题。

这里采用对数形式的 Viterbi 算法，减少乘法的运算量并增大动态范围，防止连乘造成的溢出问题。Viterbi 算法的递推形式如下：

预处理：

$$\begin{cases} \widetilde{\pi}_i = \lg(\pi_i) \\ \tilde{b}_i(o_t) = \lg[b_i(o_t)] \\ \tilde{a}_{ij} = \lg(a_{ij}) \end{cases} \qquad (2\text{-}55)$$

初始化：

$$\tilde{\delta}_1(i) = \lg[\delta_1(i)] = \widetilde{\pi}_i + \tilde{b}_i(o_1), \ 1 \leqslant i \leqslant N \qquad (2\text{-}56)$$

递推：

$$\tilde{\delta}_t(j) = \lg[\delta_t(j)] = \max_{1 \leqslant i \leqslant N}[\tilde{\delta}_{t-1}(j) + \tilde{a}_{ij}] + \tilde{b}_j(o_t), \quad 1 \leqslant j \leqslant N \qquad (2\text{-}57)$$

终止：

$$\tilde{P}^* = \max_{1 \leqslant i \leqslant N}[\tilde{\delta}_T(i)] \qquad (2\text{-}58)$$

式中，$\tilde{P}^*$ 为该模型的输出概率。

4）基于 MFCC 与 HMM 的流型识别方案验证

基于 HMM 的流型识别系统框图如图 2-21 所示，具体实施步骤为：对采集到各流型下的静电信号，首先进行预处理，然后提取各组信号的 MFCC 特征量；将整体样本分为两部分，一部分作为训练样本，经过 Baum-Welch 算法训练得到各个流型对应的 CGHMM 模型，剩下的部分作为测试样本，利用 Viterbi

算法得到通过各模型的输出概率，输出概率最大的模型即该样本所属于的流型。

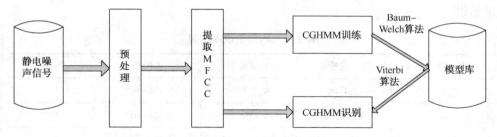

图 2-21　流型识别系统框图

流型模型建立是在 MATLAB R2010a 平台下完成，同时，在 MATLAB 平台上可对所建立的 CGHMM 进行初步测试。3 种流型下共采集了 480（160×3）组静电数据，提取 MFCC 之后，每帧信号都已转化为 24 维的 MFCC 特征参数。从每种流型中选取 110 组静电数据的特征参数训练相应的流型模型，每种流型余下的 50 组静电数据的 MFCC 特征参数作为测试样本。3 种流型模型的迭代过程如图 2-22 所示（最大迭代次数为 50）。

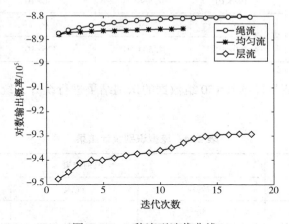

图 2-22　3 种流型迭代曲线

从图 2-22 可以看出，通常在上迭代 18 次时，3 种流型模型都已收敛，训练速度较快。以 50 组均匀流测试样本为例，其静电数据通过各个流型的 CGHMM 输出概率结果如表 2-3 所示。表 2-3 中，结果为“T”代表识别正确，“F”代表识别错误。50 个均匀流测试样本中，有 47 个流型识别正确，4 个流型识别错误。以识别正确的第 1 组输出为例，它通过均匀流的 CGHMM 的对数输出概率为 -4.143×10^4，明显高于通过层流和绳流模型的输出概率 -5.831×10^4 和 -4.437×10^4，因此，输出结果为均匀流，识别正确。以识别错误的第 8 组为例，它通过绳流的 CGHMM 的对数输出概率为-4.117×10^4，高于通过层流和均匀流模型的输出概率-5.123×10^4和-4.163×10^4，因此，输出结果为绳流，识别错误。

表 2-3　均匀流识别结果

样本序号	均匀流模型	绳流模型	层流模型	结果
1	-4.143×10^4	-4.437×10^4	-5.831×10^4	T
2	-4.161×10^4	-4.456×10^4	-5.826×10^4	T
3	-4.176×10^4	-4.548×10^4	-5.176×10^4	T
4	-4.278×10^4	-4.656×10^4	-5.330×10^4	T
5	-4.146×10^4	-4.487×10^4	-5.264×10^4	T
6	-4.176×10^4	-4.537×10^4	-5.342×10^4	T
7	-4.012×10^4	-4.422×10^4	-5.653×10^4	T
8	-4.163×10^4	-4.117×10^4	-5.123×10^4	F
9	-4.198×10^4	-4.534×10^4	-5.136×10^4	T
…	…	…	…	…
50	-4.109×10^4	-4.534×10^4	-5.326×10^4	T

对 3 种流型测量样本共 150 组数据的识别结果进行统计，统计结果如表 2-4 所示。

表 2-4　流型识别统计结果

测量流型	识别结果		
	均匀流	绳流	层流
均匀流（共 50 组）	46	4	0
绳流（共 50 组）	3	47	0
层状流（共 50 组）	0	0	50

通过表 2-4 可知，层流的识别率为 100%，错误主要发生在均匀流与绳流之间，这与均匀流与绳流的模型输出概率相近有关（图 2-22）。从流型识别的总体效果看，该方法识别正确率达 95.3%，表明对静电信号提取 MFCC 特征量能很好地保留流型信息，且 CGHMM 识别效果也比较好，可以满足实际要求。

参 考 文 献

［1］付飞飞，许传龙，王式民．稠密气固两相流静电与压力信号多尺度分析［J］．中国电机工程学报，2012，32（26）：72-78．

［2］Gajewski J B. Mathematical model of non-contact measurements of charges while moving［J］. Journal of Electrostatics, 1984, 15（1）: 81-92.

［3］Yan Y, Byrne B, Woodhead S, et al. Velocity measurement of pneumatically conveyed solids using electrodynamic sensors［J］. Measurement Science & Technology, 1995, 6（5）: 515.

［4］Yan Y, Byrne B, Coulthard J. Sensing field homogeneity in mass flow rate measurement of pneumatically conveyed solids［J］. Flow Measurement & Instrumentation, 1995, 6（2）: 115-119.

［5］李健．气固两相流动参数静电与电容融合测量方法研究［D］．南京：东南大学，2016．

［6］许传龙．气固两相流颗粒荷电及流动参数检测方法研究［D］．南京：东南大学，2006．

［7］张祖寿．导体达到静电平衡所需时间的数量级估计［J］．物理与工程，2003，13（2）：20-21．

［8］高鹤明．管内气固两相流的静电层析成像技术［D］．南京：东南大学，2012．

［9］Xu C, Wang S, Tang G, et al. Sensing characteristics of electrostatic inductive sensor for flow parameters measurement of pneumatically conveyed particles［J］. Journal of Electrostatics, 2007, 65（9）: 582-592.

［10］董军．基于静电法的气固两相流流动参数检测的研究［D］．西安：西安交通大学，2011．

［11］许传龙，汤光华，杨道业，等．静电感应空间滤波法测量固体颗粒速度［J］．中国电机工程学报，2007，27（26）：84-89．

［12］Xu C, Tang G, Zhou B, et al. The spatial filtering method for solid particle velocity measurement based on an electrostatic sensor［J］. Measurement Science & Technology, 2009, 20（4）: 045404.

［13］Hu H L, Zhang J, Dong J, et al. Identification of gas-solid two-phase flow regimes using Hilbert-huang transform and neural-network techniques［J］. Instrumentation Science & Technology, 2011, 39（2）: 198-210.

［14］洪昕．激光多普勒测量技术及其应用［M］．上海：上海科学技术文献出版社，1995．

［15］景山，王金福，唐忠良，等．热示踪法测量循环流化床中颗粒循环速［J］．化学反应工程与工艺，1999，15（3）：322-326．

［16］魏飞，金涌．磷光颗粒示踪技术在循环流态化中的应用［J］．化工学报，1994（2）：230-235．

［17］邢文奇，胡红利，董军．采用互相关与自适应滤波算法测量流速的比较研究［J］．西安交通大学学报，2011，45（6）：111-115．

［18］薛倩，王化祥，马敏，等．基于改进互相关法的气固两相栓塞流速测量［J］．化工学报，2014，（10）：3820-3828．

［19］Beck M S. Correlation in instruments-cross correlation flowmeters［J］. Journal of Physics E Scientific Instruments, 2000, 14（1）: 7-19.

［20］Coulthard J. The principle of ultrasonic cross-correlation flowmetering［J］. Measurement and

Control，1975，8（2）：65-70.

［21］许传龙，赵延军，杨道业，等．静电传感器空间滤波效应及频率响应特性［J］．东南大学学报自然科学版，2006，36（4）：556-561.

［22］李卫东．气固两相流电容相关流速测量研究［D］．沈阳：东北大学，2012.

［23］阚哲，邵富群，丁岚．基于静电传感器的相关流速测量［J］．沈阳工业大学学报，2010（1）：93-97+112.

［24］Ator J T. Image-velocity sensing with parallel-slit reticles［J］. Journal of the Optical Society of America，1963，53（12）：1416-1419.

［25］许传龙，汤光华，黄键，等．基于静电传感器空间滤波效应的颗粒速度测量［J］．化工学报，2007，58（1）：67-74.

［26］林宗虎，郭烈锦，陈听宽，等．能源动力中多相流热物理基础理论与技术研究［M］．北京：中国电力出版社，2010.

［27］Huang NE，Wu M L，Qu W D，et al. Applications of Hilbert-Huang transform to non-stationary financial time series analysis［J］. Applied Stochastic Models In Business And Industry，2003，19（4）：245-268.

［28］王伟．Hilbert-Huang变换及其在非平稳信号分析中的应用与研究［D］．北京：华北电力大学，2008.

［29］段丹辉．基于Hilbert-Huang变换的非平稳数据处理技术［D］．北京：北京航空航天大学，2007.

［30］Li H，Zhang Y P，Zheng H Q. Hilbert-Huang Transform and Marginal Spectrum for Detection and Diagnosis of Localized Defects in Roller Bearings［J］. Journal of Mechanical Science and Technology. 2009，23（2），291-301.

［31］孙斌，基于HHT与SVM的气液两相流双参数测量［D］．杭州：浙江大学，2005.

［32］Xu C L，Liang C，Zhou B，et al. HHT analysis of electrostatic fluctuation signals in dense-phase pneumaticconveying of pulverized coal at high pressure［J］. Chemical Engineering Science，2010，65（4）：1334-1344.

［33］谢珊，曾以成，蒋阳波．希尔伯特边际谱在语音情感识别中的应用［J］．声学技术，2009，28（2）：148-152.

［34］董军．基于静电法的气固两相流流动参数检测的研究［D］．西安：西安交通大学，2011.

［35］Hu HL，Dong J，Zhang J，et al. Identification of gas/solid two-phase flow regimes using electrostatic sensors and neural-network techniques［J］. Flow Measurement & Instrumentation，2011，22（5）：482-487.

［36］Hu H L，Zhang J，Dong J，et al. Identification of gas-solid two-phase flow regimes using Hilbert-huang transform and neural-network techniques［J］. Instrumentation Science & Technology，2011，39（2）：198-210.

［37］Sahidullah M，Saha G. Design，analysis and experimental evaluation of block based transformation in MFCC computation for speaker recognition［J］. Speech Communication，2012，54（4）：543-565.

［38］Fallah A，Jamaati M，Soleamani A. A new online signature verification system based on combining Mellin transform, MFCC and neural network[J]. Digital Signal Processing, 2011, 21 (2): 404-416.

[39] Chauhan S, Wang P, Sing L C, et al. A computer-aided MFCC-based HMM system for automatic auscultation[J]. Computersin Biology & Medicine, 2008, 38(2): 221.

[40] 储为新. SVM 和 HMM 混合模型的研究及其应用[D]. 无锡：江南大学，2008.

[41] 陆汝华. 基于 HMM 的轴承故障音频诊断方法研究[D]：长沙：中南大学，2007.

[42] 刘韬. 基于隐马尔可夫模型与信息融合的设备故障诊断与性能退化评估研究[D]. 上海：上海交通大学，2014.

[43] 何强，何英. MATLAB 扩展编程[M]. 北京：清华大学出版社，2002.

第 3 章 电容法多相流参数测量技术

第 1 节 电容传感器测量原理

1. 电容传感器数学模型

电容法的测量原理是：多相流各相具有不同的介电特性，当混合流体流过电容传感器的敏感区域时，混合物等效介电常数的变化会引起电容传感器两极板间的电容值波动，进而转化为电容测量的问题。在测量过程中，对测量区域施加的信号频率通常在 1MHz 以上，相应的电磁辐射的波长为 300m，远大于传感器的尺寸(通常在 1m 以下)，因此，电容传感器敏感区域的电势分布可以用静电场来描述。

在电容测量系统中，通常假设传感器内部没有静电荷密度，电容传感器的两个电极，一个施加激励电压为激励电极，另一个设为检测电极，电压为零。敏感场的数学模型可以用拉普拉斯方程及其边界条件来描述：

$$\begin{cases} \nabla \cdot [\varepsilon_0 \varepsilon(x, y, z) \nabla \varphi(x, y, z)] = 0 \\ \varphi(x, y, z) \big|_{(x, y, z) \in \Gamma_s} = 0 \\ \varphi(x, y, z) \big|_{(x, y, z) \in \Gamma_{ie}} = V_E \\ E_\infty = 0 \end{cases} \tag{3-1}$$

式中，$\varphi(x, y, z)$ 为场域内的电势分布函数；Γ_s 为接地屏蔽罩构成的边界，Γ_{ie} 为施加激励的第 i 个电极构成的边界，激励电极电压为 V_E，检测电极电压为 0；ε_0 为真空介电常数；$\varepsilon(x, y, z)$ 为材料的相对介电常数分布；E_∞ 为无穷远处的电场强度。

检测电极表面的感应电荷量可由式(2-2)计算得到，电容值 (C) 可如下计算：

$$C = \left| \frac{q}{V_E} \right| \tag{3-2}$$

对于电容传感器，它的空间灵敏度分布可定义为：传感器的敏感区域内某一单元介质的介电常数变化时，其所引起电容传感器电容值的变化量与该单元介电常数增量之比。当对电容传感器的数学物理模型采用基于网格的数值方法分析时，传感器的敏感区域被剖分为一个个微元。此时，电容传感器的灵敏度计算如下：

$$S_{\varepsilon, j} = \frac{C_{\varepsilon, j} - C_0}{C_1 - C_0} \cdot \frac{1}{A_j}, \ j = 1, \ 2, \ \cdots, \ M \tag{3-3}$$

式中，$S_{\varepsilon, j}$ 为待测敏感场区域第 j 个单元的灵敏度；$C_{\varepsilon, j}$ 为第 j 个单元的介质，为高介电常数相，待测敏感场区域其他单元的介质为低介电常数相时的电容值；C_0 为待测敏感场介质全部为低介电常数相时的电容值；C_1 为待测敏感场介质全部为高介电常数相时的电容值；A_j 为第 j 个单元的面积与待测敏感场截面面积之比；M 为待测敏感场剖分单元的最大编号。

灵敏度均匀性误差 S_{vp} 是评价灵敏度场分布均匀性的一个很重要的参数，S_{vp} 可以表示为：

$$S_{vp} = S_{dev}/S_{avg} \tag{3-4}$$

式中，$S_{avg} = \frac{1}{M}\sum_{j=1}^{M} S_j$；$S_{dev} = \sqrt{\int_{S_j} (S_j - S_{avg})^2/M}$，$M$ 为像素敏感场区域剖分单元个数；S_j 为每个剖分单元的灵敏度，其越小代表电容传感器的敏感场分布越均匀；S_{avg} 为灵敏度的均值；S_{dev} 为灵敏度的标准差。

2. 测量电路测电容原理

电容测量广泛应用于许多领域，常用的测量方法有：交流法、电荷转移法和基于差分采样的微电容测量方法等。

1) 交流法

基于交流激励电容测量法的 C/V 转换测量原理如图 3-1 所示。

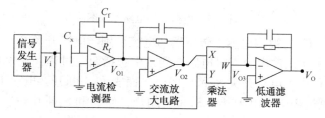

图 3-1　交流法电容测量原理示意图

C_x—被测电容；V_i—施加的正弦激励信号

设输入信号 V_i 为：

$$V_i = A\sin(\omega t + \alpha) \tag{3-5}$$

当电流经过电流检测器时，通过运放虚短和虚断可以推出 V_{O2} 的表达式：

$$V_{O2} = -\frac{j\omega R_f C_x}{1 + j\omega R_f C_f} V_{O1} = \frac{C_x}{C_f} V_i \qquad (3-6)$$

再经过交流放大电路进一步放大和乘法器的信号解调，其中，K 为交流放大电路的放大倍数，得到 V_{O2}：

$$V_{O3} = K \cdot V_{O1} \cdot V_{O2} = -\frac{K C_x A^2}{2 C_f}\left[1 - \cos(2\omega t + 2\alpha)\right] \qquad (3-7)$$

V_{O3} 经过低通滤波器后得到 V_O：

$$V_O = K \frac{C_x A^2}{2 C_f} \qquad (3-8)$$

通过式(3-8)可以发现，输出的电压值与待测电容为线性关系，这就是测量电路测电容的原理。基于交流法的电容检测电路分辨率高，抗杂散能力强，且由于信号方法为交流放大，因而可有效抑制直流漂移。

2）电荷转移法

电荷转移法也称为充放电法，其电路原理图及时序图如图 3-2 所示。

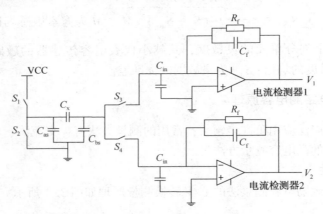

图 3-2　电荷转移电路原理图

图 3-2 中，C_x 为被测电容，传感器两电极分别与电子开关 S_1、S_2 和 S_3、S_4 相连，C_{as} 和 C_{bs} 表示杂散电容。该电路在测量中包括两个过程：充电过程和放电过程。在充电过程中，电子开关 S_1 和 S_3 闭合，而 S_2 和 S_4 断开，电荷 V_c 注入被测电容 C_x 中；放电过程中，电子开关 S_2 和 S_4 闭合，而 S_1 和 S_3 断开，C_x 中的电荷经接地释放。

采用电流监测器获得充电过程和放电过程的输出电压，电流检测器的输出电压（V）与输入电流（I_{in}）的关系为：

$$V = -I_{in} R_f \qquad (3-9)$$

电流检测器 1 的输出为充电过程的输出电压，电流检测器 2 的输出为放电过程的输出电压，电压值分别满足下列关系：

$$V_1 = -fV_cC_xR_f + e_1 \tag{3-10}$$

$$V_2 = -fV_cC_xR_f + e_2 \tag{3-11}$$

式中，e_1、e_2 为由于电荷注入效应产生的输出；f 为放电频率。

为了提高测量电路的灵敏度，一般采用差动测量方法，以两个电流检测器输出电压之差来计算电容值，即：

$$V = V_2 - V_1 = 2fV_cC_xR_f + (e_2 - e_1) \tag{3-12}$$

该差动结构一方面提高了输出信号的幅度，另一方面减少了各种漂移等因素对输出的影响。

电荷转移法测量电路具有抗杂散电容干扰的特征。在充电过程中，由于 S_1 闭合，C_{as} 一端连接电源，另一端接地，不会对流过 C_x 的电流产生影响；由于 S_3 闭合，C_{bs} 一端接地，另一端虚地，同样不会对流过 C_x 的电流产生影响。放电过程中，由于 S_2 闭合，C_{as} 两端接地，不会对流过 C_x 的电流产生影响；由于 S_4 闭合，C_{bs} 一端接地，另一端虚地，同样不会对流过 C_x 的电流产生影响。因此，该电路具有抗杂散电容的能力。

3）基于差分采样原理的电容测量法

基于差分采样原理的电容测量方法最早由浙江大学成功研制并应用于电容层析成像系统中，其测量原理如图 3-3 所示。

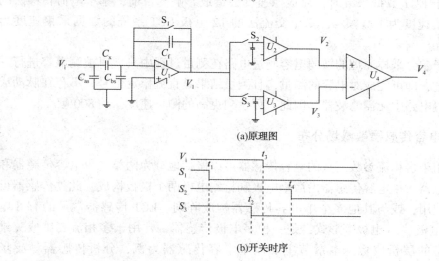

(a)原理图

(b)开关时序

图 3-3　差分采样法电路

图中，C_x 为被测电容，V_i 为激励源，U_1、C_f、S_1 组成电荷放大器，S_2 和 S_3 为两个开关，U_2 和 U_3 为电压跟随器，电容 C_{h1} 和 C_{h2} 组成两个采样保持器。电路的工作周期主要由两步组成：

第一步为测量开关 S_1 的电荷注入效应，电路初始状态为：V_i 为高电压，开关 S_1、S_2、S_3 闭合，两个采样保持器都处于采样模式。由于 S_1 闭合，U_1 输出为 0V。

在 t_1 时刻 S_1 断开，S_2、S_3 仍闭合，在理想情况下，U_1 输出将仍然为 0V，但由于电荷注入效应，有电荷被注入电路，这将导致 U_1 输出被拉低至 V_L；在 t_2 时刻，U_1 输出稳定，并且 U_3 输出等于 V_L，S_1 断开使采样保持器进入保持模式。

第二步为测量电荷注入效应，在 t_3 时刻，激励源产生由高到低的跳变，图中被测电容左边极板上的电荷为：

$$Q = \Delta V_i C_x \tag{3-13}$$

U_1 输出为：

$$V_H = V_L - Q/C_f \tag{3-14}$$

在 t_4 时刻，U_2 的输出稳定为 V_H，S_4 断开，使采样保持器进入保持模式，则 V_4 可表示为：

$$V_4 = V_H - V_L = -(\Delta V_i C_x)/C_f \tag{3-15}$$

由此得到与未知电容成正比关系的输出电压。

电荷转移法和交流法这两种电路从本质上讲都是对待测电容进行持续的充放电，所形成的电流表征了电容的大小。由于充放电形成的电流是脉动的，必须引入滤波环节以降低测量结果的噪声，因而导致了滤波时间常数和电容测量速度之间的矛盾。因此，这两种电路在数据采集速度上都受到一定的限制。尤其当用于 ECT 数据采集时，对成像速度会造成影响。目前，基于电荷转移法的数据采集速度为 100 帧/s，基于交流法的 12 电极 ECT 系统的数据采集速度为 140 帧/s。

基于差分采样原理的微弱电容测量电路在测量过程中只需对被测电容进行一次充放电，即可完成对电容的测量，且测量结果是直流稳定信号，不存在脉动成分，使得电路中无需滤波器，因此，可达到更高的测量速度，约 800 帧/s。

3. 电容传感器敏感场分布

应用于多相流参数测量的电容传感器可以概括地分为两类：单电容传感器和 ECT 传感器。单电容传感器由激励电极和检测电极两个极板构成，此类传感器可以单独使用，或与其他多个单电容传感器构成阵列。ECT 传感器常见的有 8 电极、12 电极、16 电极等形式，是一种多电极传感器，常用于多相流二维或三维分布状态的层析成像。本章节主要以单电容传感器为例，分析传感器敏感场分布。

电容传感器的电极结构优化，是电容传感器用于气固两相流浓度测量的重要工作之一，主要的目标是得到一个具有相对均匀的灵敏度场分布的传感器，进而减少气固两相流流型变化对浓度测量的影响。迄今为止，已经研发了多种典型的电容传感器，其中，对壁式(凹型电极)、双环式和螺旋式 3 种电容传感器是最常用于气固两相流浓度测量的传感器，其结构如图 3-4 所示。

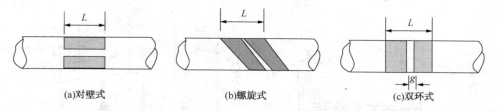

(a)对壁式　　　　　　　　　(b)螺旋式　　　　　　　　　(c)双环式

图 3-4　3 种单电容传感器结构示意图

　　针对这 3 种典型传感器结构，很多学者分别在不同的测量对象和测量条件下，对它们进行了仿真分析和实验验证。Abdullah 及 Zareh 通过静态实验对这 3 种传感器进行了研究，并得出结论：螺旋式传感器具有低灵敏度，因此不适合精确的体积分数测量；对壁式的灵敏度最高；双环式的灵敏度居于另外两种之间。彭黎辉使用有限元方法建立三维静电场模型，首先通过静电场分析了不同传感器的灵敏度分布特性，然后设计了基于快速关闭伐法的实验平台来验证浓度测量，结果表明，相比于对壁式传感器，螺旋传感器具有更高的灵敏度及更均匀的灵敏度分布。Emerson 及 Diego 同样设计了上述 3 种类型的传感器，并使用空气和去离子水在层流状态下对传感器分别进行了静态实验，结果显示，双环式是最适合用于测量上述对象的传感器类型。通过分析既有科研成果可知，传感器的结构决定了测量系统的性能；其次，对于同一种类型的传感器，在不同结构尺寸、不同应用对象或不同实验条件下，它们所表现的性能有很大差异。

　　这里为了更好地对比和评估 3 种传感器的性能，将它们的轴向长度取值一样，电极面积也基本相同，并在此前提下进行实验。具体参数为：各电极紧贴安装于输送管道管壁，管道外径 100mm，内径 96mm；对壁式传感器电极夹角为 120°，电极轴向长度为 160mm；360°螺旋式传感器电极的螺距为 160mm，截面电极夹角为 100°；双环式传感器电极轴向长度为 160mm，两个电极之间的距离为 20mm。建立三维模型，并分别对径向及轴向截面的灵敏度分布进行分析。如图 3-5 的深色位置所示，径向截面取电极轴向长度中心处的位置，轴向截面取穿过管道圆心的截面。

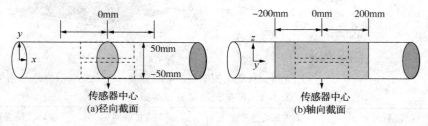

(a)径向截面　　　　　　　　　(b)轴向截面

图 3-5　径向及轴向灵敏度分析所取截面

　　3 种传感器对应的灵敏度分布如图 3-6~图 3-8 所示，其灵敏度分布参数如表 3-1、表 3-2 所示。

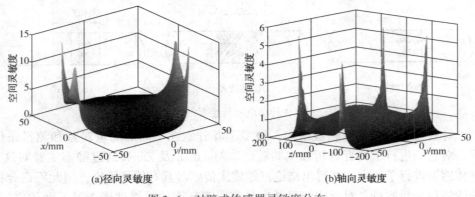

(a)径向灵敏度   (b)轴向灵敏度

图 3-6 对壁式传感器灵敏度分布

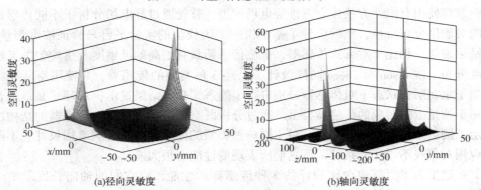

(a)径向灵敏度   (b)轴向灵敏度

图 3-7 螺旋式传感器灵敏度分布

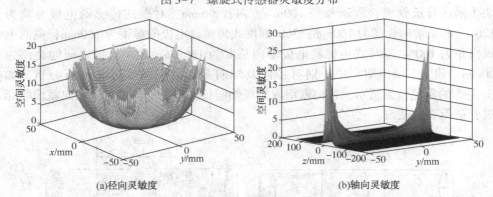

(a)径向灵敏度   (b)轴向灵敏度

图 3-8 双环式传感器灵敏度分布

表 3-1 径向灵敏度分布参数

传感器（径向）	对壁式传感器	螺旋式传感器	双环式传感器
S_{vp}	0.7876	1.1512	0.9502
S_{avg}	2.0575	2.5651	6.1263

从表3-1中径向灵敏度分布可知，双环式传感器的径向灵敏度最均匀，且灵敏度最高；螺旋式传感器的灵敏度均匀性最差，对壁式传感器的灵敏度最低。

表3-2　轴向灵敏度分布参数

传感器（轴向）	对壁式传感器	螺旋式传感器	双环式传感器
S_{vp}	0.5919	1.5143	2.8060
S_{avg}	0.9492	1.5458	0.6501

从表3-2中轴向灵敏度分布可知，对壁式传感器的轴向灵敏度均匀性最好，螺旋式传感器的灵敏度均值最高，双环式传感器的灵敏度均匀性及均值都最差。

综合分析表3-1和表3-2中的结果可知，传感器的轴向灵敏度和径向灵敏度分布特性不一致，需要结合实际应用来选择传感器结构和尺寸参数。

第2节　电容法气液两相流相含率测量

1. 相含率测量原理

电容法相含率的敏感机理是：当管道内分相含率发生变化时，电容传感器极板间的等效介电常数会发生变化，从而引起电容传感器极板间的电容变化，通过标定电容值与相含率之间的关系，即可通过测量电容值来预测相含率。为了表述得简单明了，这里用简化的电容传感器模型——平行板电容器——来分析电容法测量两相流相含率的原理。平行板电容器的结构如图3-9所示，图中，ε 为平行板间介质的介电常数，$\varepsilon = \varepsilon_0 \varepsilon_r$（$\varepsilon_0$ 为真空介电常数，ε_r 为介质的相对介电常数），S 为两平行板的正对面积，d 为两极板间的距离。

根据电磁场理论，图3-9中两平行极板间的电容为：

$$C = \frac{\varepsilon S}{d} \qquad (3-16)$$

式中，ε 为真空介电常数（ε_0）与介质的相对介电常数（ε_r）的乘积；S 为两平行板的正对面积；d 为两极板间的距离。

式（3-16）表明，在平行板电容器结构参数不变的情况下，两极板间的电容与介质的

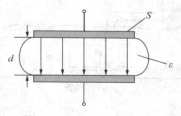

图3-9　平行板电容器结构示意图

介电常数成正比。当极板间介质的介电常数发生变化时，引起极板间电容的变化量为：

$$\Delta C = \frac{S}{d} \cdot \Delta\varepsilon \qquad (3-17)$$

对于管道中的两相流，其等效介电常数可用液相、气相的介电常数（ε_1、ε_g）和液相的相含率（ϕ_1）表示：

$$\varepsilon = \varepsilon_1\phi_1 + \varepsilon_g(1 - \phi_1) \qquad (3-18)$$

液相含率变化引起的等效介电常数变化量为：

$$\Delta\varepsilon_1 = (\varepsilon_1 - \varepsilon_g)\Delta\phi_1 \qquad (3-19)$$

故液相含率变化时，引起的平行板电容器的电容变化量为：

$$\Delta C = \frac{S}{d}\Delta\varepsilon_1 = \frac{S}{d}[(\varepsilon_1 - \varepsilon_g)\Delta\phi_1] \qquad (3-20)$$

由式(3-19)可知，对于结构参数不变的平行板电容器，只有当两相流各相含率发生变化时，极板间的电容值才会发生变化，变化的多少可由式(3-20)计算得到。虽然实际用到的电容传感器比平行板电容器复杂得多，但它们测量浓度的原理是相同的，都是通过电容量变化的大小来测量各相相含率。

2. 气液两相流相含率测试平台

以常见的气液两相流为例对电容法两相流相含率测量进行实验分析。图3-10所示为所搭建的气液两相流相含率测量平台，其中，气相为空气，液相为水。采用可变换挡位的水泵，将水从容器中抽到测试管道中，流经传感器后再由出水口排入容器中，构成气液两相循环系统，期间保持测试管道水平。该循环系统有 20 个挡位可以调节水流量，改变相含率，每一个挡位都可产生具有稳定液面的层流。该系统主要用于层流状态下的气液两相流相含率测量。

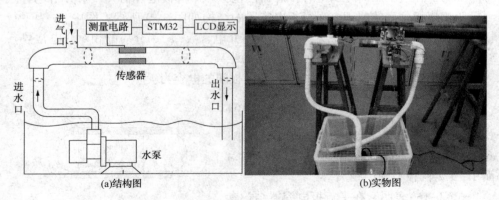

图 3-10　实验平台

在实际测量前，先要对不同挡位下的含水率进行标定。针对每一个挡位，在系统工作稳定后，对出水口的排水进行收集，根据收集时间、水流速度、排水量及管道尺寸等，计算出实际相含率。

3. 测试结果

在图 3-10 所示的气液两相流相含率测试平台上分别对双环式、对壁式及螺旋式 3 种传感器进行了含水率测量。3 种传感器实物结构如图 3-11 所示，其具体尺寸参数为：各电极紧贴安装于管道外壁，管道外径为 50mm；对壁式传感器电极夹角为 120°，电极轴向长度为 80mm；360° 螺旋式传感器电极的螺距为 80mm，截面电极夹角为 100°；双环式传感器电极轴向长度为 80mm，两个电极之间的距离为 15mm。为了更好地对比和评估 3 种传感器的性能，它们的轴向长度取值相同，电极面积也相近。采用基于交流法的测量电路对 3 种传感器系统进行数据收集，其测试数据分别见表 3-3~表 3-5。

(a)对壁式传感器　　　　　　(b)螺旋式传感器　　　　　　(c)双环式传感器

图 3-11　传感器实物图

表 3-3　对壁式传感器测试数据

相含率/%	电压/V	相含率/%	电压/V
0	0.488	57.82	0.668
6.48	0.495	64.34	0.705
11.70	0.511	70.35	0.731
18.75	0.514	75.71	0.754
25.85	0.539	80.72	0.915
31.50	0.554	85.95	0.960
37.45	0.562	91.04	1.043
42.40	0.582	91.10	1.115
47.50	0.621	92.00	1.250
52.31	0.642	94.37	1.315

表 3-4 双环式传感器测试数据

相含率/%	电压/V	相含率/%	电压/V
0	0.617	57.81	1.339
6.68	0.701	64.34	1.431
12.10	0.768	70.35	1.486
19.75	0.864	75.71	1.563
26.15	0.954	80.71	1.625
31.80	1.014	82.88	1.645
37.92	1.121	85.93	1.691
43.10	1.156	91.04	1.754
47.90	1.226	92.50	1.773
53.20	1.282	94.37	1.796

表 3-5 螺旋式传感器测试数据

相含率/%	电压/V	相含率/%	电压/V
0	0.617	56.95	1.385
5.96	0.649	62.70	1.530
12.30	0.690	68.70	1.670
18.65	0.733	74.25	1.760
26.05	0.804	79.25	1.820
31.50	0.869	81.40	1.852
37.10	0.928	84.15	1.882
42.25	0.990	88.25	1.923
48.40	1.090	90.03	1.950
52.55	1.230	92.80	1.960

　　3 种测试结果的拟合曲线如图 3-12 所示,其测量误差分析见表 3-6。

　　从拟合曲线和误差分析来看,双环式传感器的线性度最好,平均相对误差(0.47%)和最大相对误差(2.41%)均低于对壁式和螺旋式传感器。由此可以得出,针对该实验平台及实验条件,双环式电容传感器在气液两相流相含率的测量效果上优于另外两种传感器。从实验结果中也可以看出,电容法两相流相含率测量方法是有效且可行的。

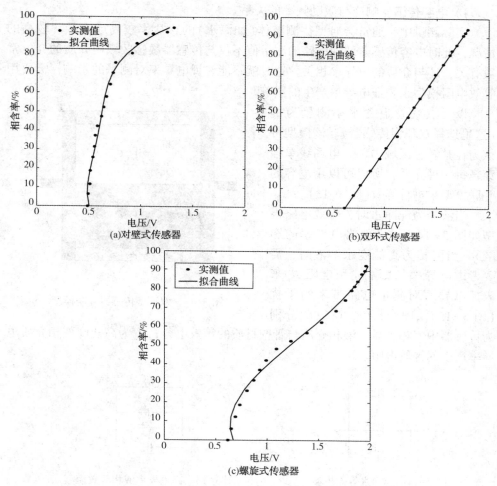

图 3-12　3 种传感器测试结果拟合曲线

表 3-6　3 种传感器测量误差分析

	平均相对误差	最大相对误差
对壁式传感器	3.05%	8.69%
双环式传感器	0.47%	2.41%
螺旋式传感器	3.03%	8.49%

4. 电容测量系统的频率优化

验证电容法气液两相流相含率测量的有效性，所采用的电容测量电路是基于时谐电流的微小电容测量电路。该电路采用高频交流激励来实现微小电容测量，其激励频率的选择是测量系统精度的重要影响因素之一。

1）电容传感器响应与激励频率的关系

实际测量中，通常会遇见待测液体（如海水）的含盐率较高或电导率较高的情况，此时电容传感器调理电路的测量值不仅与传感器敏感区域内介质的介电常数有关，还与介质的电导率相关。这时就不能忽视电导率对测量的影响，需要用等效电阻模型来表征电导率产生的影响。

以天然气管道含水率测量为例（这里选择双环型传感器）。该模型可认为在其敏感区域内部，电场线单独穿越每一种介质，所以可以用电容的并联模型来进行等效（图3-13）。

当液相为纯净水时，等效电路模型如图3-14所示（忽略电导率的影响）。当液相为高盐度水溶液时，需要考虑电导率的影响，用电阻 R_w 来表征电导率对测量电路带来的干扰（图3-15）。图中，C_g、C_w、C_p 分别

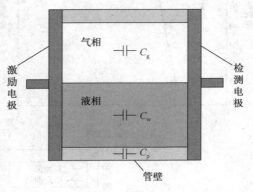

图3-13　双环型传感器并联模型

为传感器中气相介质、液相介质与管壁材质的等效电容；R_w 为高盐度液相介质电导率产生的等效电阻。

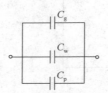
图3-14　纯净水等效模型

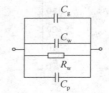
图3-15　高电导率液相等效模型

当传感器结构及材料确定时，管壁的等效电容（C_p）值也随之固定，在测量中，C_p 值保持不变，所以可以忽略管壁的等效电容的影响。由于水的介电常数约为80，远大于空气介电常数，在理论分析时，可忽略气相的等效电容（C_g）。通过以上分析可知，待测电容（C_x）对应的等效阻抗（Z_x）只与液相介质等效电容（C_w）及等效电阻（R_w）有关。

由式（3-8）可知，输出信号与待测电容值成正比，与等效阻抗成反比。综上可得，讨论电导率对测量系统产生的影响，即分析高盐度液相中的电阻分量对液相等效阻抗产生的影响。

在纯净水条件下，Z_{xp} 可以表达为：

$$Z_{xp} = \frac{1}{j\omega C_w} \tag{3-21}$$

在高盐度液相条件下，Z_{xs} 可以表达为：

$$\frac{1}{Z_{xs}} = \frac{1}{R_w} + j\omega C_w \quad\quad (3-22)$$

$$Z_{xs} = \frac{R_w}{1 + jR_w\omega C_w} = \frac{R_w}{1 + (R_w\omega C_w)^2} - \frac{jR_w^2\omega C_w}{1 + (R_w\omega C_w)^2} \quad\quad (3-23)$$

当 $(R_w\omega C_w)^2 \gg 1$ 时，式(3-23)可简化为：

$$Z_{xs} \approx \frac{1}{R_w\omega^2 C_w^2} + \frac{1}{j\omega C_w} \quad\quad (3-24)$$

由式(3-24)可得，分母中含有 R_w 的分量，通过提高测量系统激励频率(ω)，可以减少电导率对测量系统产生的影响。当忽略式(3-24)中第一项时，认为 Z_{xs} 与 Z_{xp} 近似相等，因此，在使用合适的高频激励信号条件下，可利用纯净水标定的归一化曲线进行盐度较高的液相含率检测。

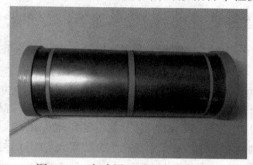

图 3-16　实验用双环型电容传感器

2）静态对比实验

将双环型电容传感器安装在内径为 50mm 的实验管道内进行静态实验验证。为了满足天然气管道高压环境，管道材质选择聚醚醚酮（PEEK），可以采用 3D 打印工艺进行加工，以确保传感器的均一性。双环型电容传感器如图 3-16 所示，具体参数如下：

（1）管道内径：50.0mm；

（2）管壁厚度：4.8mm；

（3）双环型电容传感器电极长度：56.0mm；

（4）双环型电容传感器电极间距：5.0mm；

（5）屏蔽罩与极板间距；7.5mm；

（6）测试管道总长：160mm。

为了模拟在天然气运输管道中受重力整流后产生的气液两相分层流，将上述实验管道两端密封，使用注射器从侧面分次向管道内加入定量纯净水或浓度为 0.1%的 NaCl 溶液，从而定量改变管道内部纯净水或盐水的液相含率。随着注入次数增加，管道的截面含水率也在均匀上升，逐次记录测量系统输出电压，可得管道截面含水率与测量电压之间的对应关系。

由上述实验设计可得，每次增加的水的体积(ΔV)换算为管道内的截面含水率的增量($\Delta\beta$)为：

$$\Delta\beta = \frac{\Delta V}{\pi R_1^2 L} \tag{3-25}$$

式中，ΔV 为增加的水的体积；R_1 为被测管道的内半径；L 为被测管道的长度。

实验时将传感器管段水平固定并提前记录空管电容值。随后，使用 10mL 的医用注射器每次向管道中注入 5mL 的水（对应截面含水率的增量约为 1.59%），等待水面平稳后，使用记录仪记录测量电路输出波形。继续注入直至管道内加满液体，停止加水并记录满管时的电容值。

为了对比不同激励频率时电路对于纯净水与 NaCl 溶液得到的不同响应，设计激励频率优化实验，并将实验结果与纯净水静态标定结果进行对比。分别用 100kHz、1MHz 及 10MHz 的正弦激励信号对不同截面含率的纯净水和 0.1% 浓度的 NaCl 溶液进行测量，得到 3 种激励频率下测量电压和截面含水率的关系，然后对测量电压进行归一化。归一化电容值的计算过程为：

$$\overline{V}_i = \frac{V_k - V_1}{V_n - V_1}, \quad i = 1, 2, 3, \cdots, n \tag{3-26}$$

式中，$\overline{V}_i$ 为第 i 个点经过归一化后的数值；V_i 为第 i 个点的测量电压；V_1 为空管时的测量电压；V_n 为满管液体时的测量电压值。

不同频率激励信号的产生，可采用直接数字频率合成器（Direct Digital Synthesizer，DDS）来实现。DDS 所产生的正弦激励信号具有高精度、高稳定性及高分辨率等优点。实验选取 ADI 公司的 DDS 芯片 AD9851 作为电容测量电路的激励信号源。通过上位机对芯片的频率控制寄存器写入 32 位数字量以实现输出信号的精确控制，频率分辨率可以低至 0.04Hz。最高时钟频率可以达到 50MHz，满足实验 100kHz、1MHz 及 10MHz 激励频率变化需求。

在不同激励频率下截面含水率-归一化电压值的曲线分别如图 3-17~图 3-19 所示。

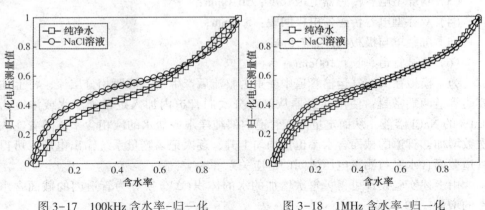

图 3-17　100kHz 含水率-归一化　　　　图 3-18　1MHz 含水率-归一化
　　　　电压相关曲线　　　　　　　　　　　　电压相关曲线

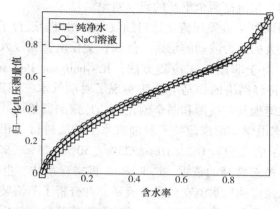

图 3-19　10MHz 含水率-归一化电压相关曲线

对比上图可知，随着激励频率的增加，纯净水及 NaCl 溶液的归一化电压测量值与截面含水率不断接近，100kHz、1MHz 及 10MHz 激励频率的纯净水和 NaCl 溶液的归一化电压测量值的均方根误差分别为 0.081、0.052 和 0.011，即随着激励频率的增加，电容传感器内介质的电导率对电容测量的影响逐步减少，并且当激励频率到达 10MHz 时，纯净水和 NaCl 溶液的归一化电压测量值已经基本重合，即可以认为此时介质的电导率对电容测量的影响基本可以忽略。

综上所述，通过对交流激励微小电容测量电路的激励频率进行优化，可以有效减小由于高盐度液相的高电导率对液相含率测量带来的影响。

第 3 节　基于静电法与电容法融合的三相流相含率测量

1. 三相流相含率测量现状

目前相含率的测量主要应用于气液、气固或液液等两相流的检测，而对于工业过程中普遍存在的三相流研究还处于起步阶段。多传感器数据融合技术及人工智能算法的兴起和发展，为三相流参数检测提供了重要技术支持。

由于三相流成分复杂，其流动特性比单相及两相流流动复杂得多，因此，相比于单相流或者两相流计量，精确地计量三相流的难度更大。应用于多相流相含率测量的常见方法有电学法、光学法、超声波及射线法等。目前常采用两种或者两种以上测量方法相融合的方式来实现三相流参数测量，此外，还常结合支持向量机、神经网络等人工智能算法来提高测量精度。常见三相流主要有气液液三相流、气液固三相流及气固固三相流等，其中油气水三相流和由煤粉、生物质、空气混合燃烧构成的三相流是两个重要的研究对象。

张富海和董峰采用 V 锥差压流量计对油气水三相流量进行了研究，并得出测量误差主要来自较大的压力波动的结果。然而，文丘里管和侵入式锥形流量计都干扰了流动状态。对于非侵入式检测方法，R. Gholipour Peyvandi 和 S. Z. Islami Rad 采用基于人工神经网络的伽马射线法实现了对油气水三相流的相含率测量，其中，传感器由双能伽马射线源和两个碘化钠(Tl)探测器组成。王强和王密等采用 ECT/ERT 双模态电学层析成像技术对油气水三相流进行了相含率测量，在不同含水率下(含水率取分别取 0%、10%、25%、50%、75%、90%、100%)进行了实验，并总结出模态选择的依据。C. Fischer 将文丘里法、电容法和单光束伽马密度计相结合来测量油气水流动的质量流量，并分析了节流装置带来的压力损失和均匀模型引入的误差对测量的影响。戴玮和谭超等分别使用电导和电容传感器对水平管油气水三相流的含水率进行了检测，综合两种传感器的含水率实验结果，可得测量的平均相对误差为 4.88 %。以上方法都为工业管道的油气水三相流动提供了有效含水率测量的方法。

针对鼓泡床反应器中的气液固三相流相含率的测量，张凯和黄志尧等采用基于电容耦合电阻层析成像(Capacitively Coupled Electrical Resistance Tomography，CCERT) 技术与声发射技术，建立了相含率测量模型，提出了一种三相流各相相含率的非侵入式测量方法。利用偏最小二乘回归法，在静态情况下建立了 CCERT 技术的相含率测量模型，同时在鼓泡床上进行动态实验，采用差压法进行同步测量，作为参考值验证模型的有效性，实现了对两相相含率的非接触测量。在此基础上，通过对声发射技术采集到的声音信号进行处理，建立了声发射技术的气相相含率预测模型，利用该模型测量出三相体系中的气相相含率，结合 CCERT 技术测量出三相体系中的不导电相相含率，从而利用非侵入式测量方法得到了三相流中的各相相含率。

生物质、煤粉混烧发电气力输送管道中的煤粉-生物质-空气三相混合流体是典型的气固固三相流系统。目前，用于气固两相流或气固固三相流相含率测量的电学法主要有静电法和电容法。由于含固相颗粒多相流的特殊性，在固相颗粒传输过程中，颗粒之间及颗粒与管道之间的碰撞、摩擦、分离，导致颗粒携带大量电荷，该颗粒荷电现象对电容传感器的相含率测量会产生影响，此外，介质分布变化对静电传感器相含率测量也有影响，进而导致各传感器的测量精度及性能下降。由于两种传感器都可以反映相含率的变化，而且它们均具有非接触式、成本低、结构简单且易于安装等优点，因此，可以采用基于电学法的集成静电/电容多传感器系统进行相含率测量，以静电信号补偿电容传感器浓度测量方法，以电容信号补偿静电传感器浓度测量方法，结合多传感器数据融合技术，获得更加全面的与相含率相关的信息。

此外，在实际测量过程中，相含率与输出电信号之间通常是呈非线性的，直接使用拟合标定曲线将会为相含率测量带来较大误差。因此，可以采用神经网络、支持向量机等人工智能算法结合多传感器数据融合技术来建立传感器输出信号与相率之间的对应关系。

2. 基于 ANFIS 的多传感器融合相含率测量

自适应神经模糊推理系统（Adaptive network-based fuzzy inference system，ANFIS）是适用于同质和异质传感器的融合方法，是一种特征层的融合方法。以基于集成静电/电容传感器的煤粉-生物质-空气三相流相含率测量为例。首先，对静电传感器和电容传感器的输出信号进行预分析，提取出反映煤粉相含率和生物质相含率的特征向量；然后，把不同物料、不同相含率、不同粒径等实验条件下获得的特征向量输入自适应模糊推理系统中，对系统模型进行训练和学习；最后，利用训练好的模型来预测相含率。

1）模糊集合的定义及表示

现实世界中，存在各种具有模糊性的物类，这些物类的成员的定义是不明确的。模糊集合理论是由美国的加州大学伯克利分校的查德教授于 1965 年在文章《模糊集合》中提出的，从此开启了模糊集合理论时代，模糊数学是研究模糊现象的定量处理方法，为描述、研究模糊现象提供了新的数学工具。在此基础上，又衍生出很多理论和方法，如自适应模糊推理系统、模糊聚类等。

模糊集合在数学上的严格定义为：对于给定的论域上 X，有 X 到闭区间 $[0, 1]$ 上的任意一个映射 μ_A，则称 μ_A 确定了 X 的一个模糊子集 A，μ_A 称为模糊子集 A 的隶属函数，$\mu_A(x)$ 称为 x 对 A 的隶属度，X 的全体模糊子集组成的集合称为模糊幂集合：

$$\mu_A: X \rightarrow [0, 1]$$

$$x \rightarrow \mu_A(x) \tag{3-27}$$

从上面模糊子集的定义式中可以看出，模糊子集 A 是论域 X 的一个子集，它是由隶属函数 μ_A 确定的，隶属函数的取值范围 $\mu_A(x)$ 为 $[0, 1]$。$\mu_A(x)$ 反映了论域 X 中的元素 x 隶属于其模糊子集 A 的程度，$\mu_A(x)$ 越接近 1，表示 x 属于 A 的程度越高；$\mu_A(x)$ 越接近 0，表示 x 越不属于模糊子集 A。习惯上，人们也将模糊子集称为模糊集合或模糊集。模糊集合在数学上的表示方法有 3 种：

（1）Zadeh 表示法：

$$A = \frac{\mu_A(x_1)}{x_1} + \frac{\mu_A(x_2)}{x_2} + \cdots + \frac{\mu_A(x_n)}{x_n} = \sum_{t=1}^{n} \frac{\mu_A(x_t)}{x_t} \tag{3-28}$$

$$A = \int \frac{\mu_A(x)}{x}, \ x \in X \tag{3-29}$$

式（3-3）是式（3-2）的论域为连续时的情形。

（2）向量表示法：

$$A = [\mu_A(x_1),\ \mu_A(x_2),\ \cdots,\ \mu_A(x_n)] \tag{3-30}$$

（3）序偶表示法：

$$A = \{x,\ \mu_A(x) \mid x \in X\} \tag{3-31}$$

2）常用的隶属函数类型

由模糊集合的定义可知，隶属函数直接决定了模糊集合中论域上的元素属于模糊集合的程度，在模糊集合的描述中，隶属函数至关重要。下面以论域[0，10]为例，介绍几种常用的隶属度函数，其中，$\mu_A(x)$ 是元素 x 隶属于模糊集合 A 的隶属度。

（1）钟形隶属函数。

它有 3 个参数 a、b、c，其中，b 为正数。参数 c 表示曲线的中心，a 表示钟的主体宽度，b 表示两侧的倾斜程度。在图 3-20 中，a、b、c 分别为 2、4、6。三者关系式为：

$$f(x,\ a,\ b,\ c) = \cfrac{1}{1 + \left(\cfrac{x - c}{a}\right)^{2b}} \tag{3-32}$$

（2）高斯型隶属函数。

它有两个参数 c 和 σ，其中，c 表示曲线的中心，σ 表示倾斜曲线的程度。图 3-21 中，$\sigma = 2$，$c = 5$。二者的关系为：

$$f(x,\ \sigma,\ c) = \mathrm{e}^{-\frac{(x-c)^2}{2\sigma^2}} \tag{3-33}$$

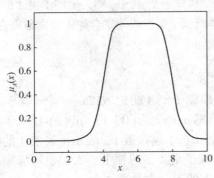

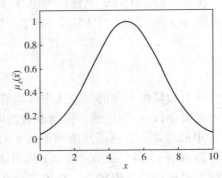

图 3-20　钟形隶属函数　　　　　图 3-21　高斯型隶属函数

（3）Sigmoid 型隶属函数。

它有两个参数 a 和 c，其中，c 表示曲线的拐点，a 表示曲线的倾斜程度，a 的正负代表曲线的开口方向。图 3-22 中，$a = 2$，$c = 4$。二者的关系式为：

$$f(x,\ a,\ c) = \frac{1}{1 + \mathrm{e}^{-a(x-c)}} \tag{3-34}$$

（4）三角形隶属函数。

它是一种比较简单的隶属函数，有 3 个特征参数，共同决定了三角形的形状。图 3-23 中，a、b、c 的值分别为 3、6、8。三者的关系式为：

$$f(x,\ a,\ b,\ c) = \begin{cases} 0,\ x \leqslant a \\ \dfrac{x-a}{b-a},\ a < x \leqslant b \\ \dfrac{c-x}{c-b},\ b < x \leqslant c \\ 0,\ x > c \end{cases} \tag{3-35}$$

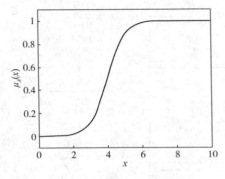

图 3-22　Sigmoid 型隶属函数

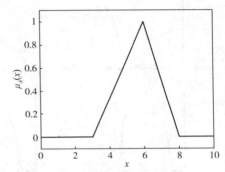

图 3-23　三角形隶属函数

3）自适应模糊推理系统

模糊推理步骤通常为：①输入变量模糊化过程，计算某个输入变量对它的每个隶属函数的隶属度；②用模糊算子处理各变量的隶属度，得到每个规则的权重；③产生每条规则的输出结果（模糊或精确）；④输出变量去模糊化过程，通过加权相加得到精确的输出。

自适应模糊推理系统 ANFIS 是指其参数是可以根据具体的应用对象而进行自动调整的模型参数调整的过程，是系统学习的过程。ANFIS 是一种基于 Takagi-Sugeno 模型的模糊推理系统，它将模糊控制的模糊化、模糊推理和反模糊化 3 个基本过程全部用神经网络来实现，利用神经网络的学习机制自动从输入、输出样本数据中抽取规则，构成自适应神经模糊控制器。每条规则的输出是输入的线性组，最终的输出是每条规则输出的加权平均值，其权值由各输入变量的隶属度的 T 算子决定。

T 算子定义如下：

$$\mu_{A_1}(x_1) \otimes \mu_{A_2}(x_2) = \begin{cases} \min[\mu_{A_1}(x_1),\ \mu_{A_2}(x_2)] & （模糊交）\\ \mu_{A_1}(x_1) \cdot \mu_{A_2}(x_2) & （代数积）\\ \max\{0,\ [\mu_{A_1}(x_1) + \mu_{A_2}(x_2) - 1]\} & （有界积） \end{cases} \tag{3-36}$$

式中，对于论域 X_1 上的元素 x_1，有模糊集合 A_1 与之对应；对于论域 X_2 上的元素

x_2，对应的有模糊集合 A_2。

图 3-24 为 Takagi-Sugeno 型模糊推理系统的结构示意图，该系统两个输入变量 x_1 和 x_2，一个输出变量 f，两条模糊规则。输入变量 x_1 对它的两个隶属函数的隶属度分别为 u_{11} 和 u_{12}，输入变量 x_2 对它的两个隶属函数的隶属度分别为 u_{21} 和 u_{22}，w_1、w_2 是分别对 u_{11} 和 u_{21}、u_{12} 和 u_{22} 进行 T 算子操作而得到的，此处 T 算子一般为两个隶属度的代数积。同时，w_1、w_2 表示的是每条规则的权重，而每条规则对应的输出是输入变量的线性组合，如 $f_1 = p_1 x_1 + q_1 x_2 + 1$。最后，由每条规则的对应权重和对应输出，计算得到系统的输出值 f。

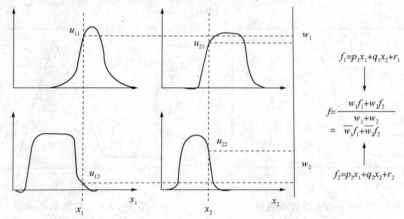

图 3-24　Takagi-Sugeno 型模糊推理系统结构示意图

那么 Takagi-Sugeno 型模糊推理系统的 ANFIS 网络结构可以由图 3-25 所示。

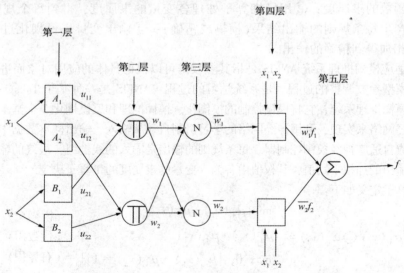

图 3-25　Takagi-Sugeno 型模糊推理系统结构示意图

ANFIS 是一个五层的结构，需要注意的是，ANFIS 中的连接只表明信号在各节点之间的流向，并没有权重与之联系。为了反映不同的自适应能力，在一个自适应网络中可使用圆形节点和方形节点，方形节点（自适应）有参数，而圆形节点（已确定）没有参数，其中，第一层和第四层为方形节点，含有需要调整的参数为隶属函数的参数和用于计算每个规则对应输出的多项式的系数。网络参数是所有节点参数的集合，通过给定的训练数据和基于梯度的学习算法，可以达到输入、输出的匹配。

第一层：隶属函数层，将输入变量模糊化。隶属函数（通常选择钟形函数）输出也就是隶属度，表明了输入变量对某一模糊集的隶属情况。该层隶属函数的参数被称为前提参数，表达式为：

$$u_{11} = \mu_{A1}(x_1)$$
$$u_{12} = \mu_{A2}(x_1)$$
$$u_{21} = \mu_{B1}(x_2)$$
$$u_{22} = \mu_{B2}(x_2)$$

(3-37)

第二层：T 算子层，实现前提部分的模糊集的运算。w 通过求取隶属度的乘积得到，每个节点的输出表明了相应的规则的权重。T 算子中的代数积为：

$$w_1 = u_{11} \cdot u_{21}$$
$$w_2 = u_{12} \cdot u_{22}$$

(3-38)

节点函数还可以采用取小、有界和强积的形式。

第三层：权重归一化层，将各条规则的激励强度归一化，表达式为：

$$\bar{w}_1 = \frac{w_1}{w_1 + w_2}$$
$$\bar{w}_2 = \frac{w_2}{w_1 + w_2}$$

(3-39)

第四层：各规则对应输出层，计算每条规则的输出，计算公式如式（3-40）所示，f 中的参数 $\{p, q, r\}$ 被称为结论参数，这与第一层隶属函数层的前提参数相对应。

$$f_1 = \bar{w}_1(p_1x_1 + q_1x_2 + r_1)$$
$$f_2 = \bar{w}_2(p_2x_1 + q_2x_2 + r_2)$$

(3-40)

第五层：最终输出层，所有规则的输出加权求和得到总的输出，各规则的权值是由 T 算子得到的。表达式为：

$$f = f_1 + f_2$$

(3-41)

4）ANFIS 的学习算法

由 ANFIS 的结构可知，它的学习算法实际上只是对控制器参数进行学习，因为网络结构已经确定，只需调整前提参数和结论参数即可。ANFIS 常用的学习算法有梯度下降法、递推(近似)最小二乘法、梯度下降法和其他方法相融合的学习算法等。如何选择合适的学习算法对前提参数和结论参数进行调整，将直接影响到整个系统的性能(如对测量目标预测的准确性、训练时间等)。

(1)梯度下降学习算法。

梯度下降学习算法是训练网络的最常用的方法，其基本原理是，在误差反向传播过程中，输出误差对各层逐层求导，得到使当前输出误差减小最快的各参数的变化量。

对于具有五层的 ANFIS，假设第 k 层有 #(k) 个节点，第 k 层的第 i 个节点定义为 (k, i)，该节点函数(或输出)为 O_i^k，一个节点的输出取决于它的输入信号(上一层的所有节点输出)和它的参数，因此可以得到：

$$O_i^k = O_i^k(O_1^{k-1}, \cdots, O_{\#(k-1)}^{k-1}, a, b, c, \cdots) \tag{3-42}$$

式中，$a, b, c, \cdots$ 是该节点的参数。

假设训练数据样本有 P 个，第 p(p 为 $1 \sim P$ 中某值)个训练数据的误差量度(E_p)为：

$$E_p = \sum_{m=1}^{\#(5)} (T_{m, p} - O_{m, p}^L)^2 \tag{3-43}$$

式中，$T_{m, p}$ 是第 p 个期望输出向量的第 m 个分量；$O_{m, p}^L$ 是由第 p 个输入向量产生的第 p 个实际输出向量的第 m 个分量；总的误差为 E_p 的加和。

现在，如果 α 是一给定自适应网络的参数，有：

$$\frac{\partial E_p}{\partial \alpha} = \sum_{O^* \in S} \frac{\partial E_p}{\partial O^*} \frac{\partial O^*}{\partial \alpha} \tag{3-44}$$

S 是那些输出依赖于 α 的节点的集合，然后，总的误差对 α 的导数为：

$$\frac{\partial E}{\partial \alpha} = \sum_{p=1}^{P} \frac{\partial E_p}{\partial \alpha} \tag{3-45}$$

相应地，一般参数 α 的更新公式为：

$$\Delta \alpha = -\eta \frac{\partial E}{\partial \alpha} \tag{3-46}$$

式中，η 为学习率，可表示为：

$$\eta = \frac{ss}{\sqrt{\sum_{\alpha} \left(\frac{\partial E}{\partial \alpha}\right)^2}} \tag{3-47}$$

式中，ss 为步长(step size)，在参数空间中每个梯度过渡的长度。一般情况下，可以通过改变 ss 的值来改变收敛速度。通常采用以下两个探索性的规则来更新 ss：

① 如果误差经过了连续四次减小，则 ss 增加 10%；

② 如果误差经历了两次连续的组合(一次增加一次减小)，则 ss 减小 10%。

单独用梯度下降算法训练 ANFIS 用以更新其前提参数和结论参数的具体步骤如下：

① 初始化 ANFIS 结构和参数，包括设置最大迭代步数和模糊规则的条数，初始化前提参数和结论参数。

② 输入样本，计算当前样本对应的输出，并计算输出误差。

③ 反向求导，计算当前样本输出误差对结论参数和前提参数的导数，并保存。

④ 检测样本是否输入完毕。若是，转至第⑤步；若否，转至第②步。

⑤ 对于每个结论参数和前提参数，计算各样本对其导数的和，更新各参数。

⑥ 确定迭代是否达到最大步数。若是，转至第⑦步；若否，转至第②步。

⑦ 迭代结束，保存结论参数和前提参数。

梯度下降学习算法用于训练 ANFIS 时容易陷入局部极小值点，缺乏全局搜寻的能力。针对梯度下降学习算法的这个缺点，可采用卡尔曼滤波和梯度下降混合学习算法来训练 ANFIS，实现对 ANFIS 的前提参数和结论参数的调整。

（2）卡尔曼滤波和梯度下降混合学习算法。

使用混合学习算法与只使用梯度下降算法的区别是：混合学习算法训练 ANFIS 时，在正向过程中，前提参数是确定的，用卡尔曼滤波算法更新结论参数，在反向过程中，结论参数是确定的，由梯度下降学习算法来更新前提参数；而用梯度下降学习算法训练 ANFIS 时，在正向过程中，所有参数都是确定的，在反向过程中，对所有参数进行调整。ANFIS 的两种学习算法在正、反向过程中参数的调整情况如表 3-7 所示。

表 3-7　ANFIS 的两种学习算法对参数的调整情况

学习算法	参数类型	正向过程	反向过程
ANFIS 梯度下降学习算法	前提参数	确定	由梯度下降更新
	结论参数	确定	由梯度下降更新
ANFIS 混合学习算法	前提参数	确定	由梯度下降更新
	结论参数	由最小二乘法更新	确定

假设所有参数构成集合 S，前提参数为集合 S_1，结论参数为集合 S_2，且满足 $S = S_1 \oplus S_2$，即 S 是 S_1 和 S_2 的并集，最小二乘法可用于对前提参数集合 S_1 的调整。

为了简单明了，仍然假设 ANFIS 为两输入、单输出的系统，且训练样本的数

目为 P。将 ANFIS 的总的输出重写如下:

$$f = \overline{w}_1 f_1 + \overline{w}_2 f_2$$
$$= \overline{w}_1(p_1 x_1 + q_1 x_2 + r_1) + \overline{w}_2(p_2 x_1 + q_2 x_2 + r_2)$$
$$= \overline{w}_1 x_1 p_1 + \overline{w}_1 x_2 q_1 + \overline{w}_1 r_1 + \overline{w}_2 x_1 p_2 + \overline{w}_2 x_2 q_2 + \overline{w}_2 r_2 \quad (3-48)$$

通常情况下,公式(3-48)可以写成:

$$AX = B \quad (3-49)$$

式中,X 为未知向量,它的元素是 S_2 中的参数;A 为与输入变量和前提参数有关的矩阵;B 为输出变量。

令 S_2 中的元素个数为 M,则 A、X、B 的维数分别为 $P \times M$、$M \times 1$ 和 $P \times 1$。X 的最小二乘估计 (X^*),被用于减小平方误差 $\| AX - B \|^2$:

$$X^* = (A^T A)^{-1} A^T B \quad (3-50)$$

令矩阵 A 的第 i 个行向量为 a_i^T,B 的第 i 个元素(即第 i 个输出样本)为 b_i^T,然后 X 可以通过迭代公式计算:

$$\left. \begin{array}{l} X_{i+1} = X_i + S_{i+1} a_{i+1}(b_{i+1}^T - a_{i+1}^T X_i) \\[2mm] S_{i+1} = S_i - \dfrac{S_i a_{i+1} a_{i+1}^T S_i}{1 + a_{i+1}^T S_i a_{i+1}}, \ i = 0 \sim (P-1) \end{array} \right\} \quad (3-51)$$

式中,S_i 为协方差矩阵,最小二乘估计 X^* 与最后的多次迭代结果 X_P 相等。

上述结论参数迭代过程的初始条件为:

$$\left. \begin{array}{l} X_0 = 0 \\[2mm] S_0 = \gamma I \end{array} \right. \quad (3-52)$$

式中,γ 为一个正的很大的数;I 为 $M \times M$ 的单位矩阵。

求取 X 的最小二乘估计的过程也可以理解为卡尔曼滤波算法,因此,也可以称为卡尔曼滤波算法。

ANFIS 混合学习算法的每一步都包括正向过程和反向过程。在正向过程中,我们使用输入数据和数据流正向传播来计算每个节点的输出,直到获得式(3-49)中的 A 和 B,结论参数集合 (S_2) 中的参数由式(3-51)求得。确定 S_2 中的参数后,数据流继续正向传播,直到计算得到误差。在反向过程中,误差从输出端向输入端传播,前提参数集合 (S_1) 中的参数由梯度下降算法更新。对于给定的前提参数集合 (S_1) 中参数值,由于选择平方误差来度量,因此结论参数集合 (S_2) 中的参数是参数空间中的全局最优解。这种混合学习算法不仅可以减少梯度算法的搜寻空间维数,还可以减少收敛时间。

基于该混合学习算法的 ANFIS 的训练流程具体步骤如下:

① 初始化 ANFIS 结构和参数,包括设置最大迭代步数和模糊规则的条数,初始化前提参数和结论参数。

②输入样本，计算当前样本对应的第三层(权重归一化层)的输出。

③由求取的归一化权重和当前样本的输入变量，用最小二乘法更新结论参数。

④检查样本是否输入完毕。若是，转至第⑤步；若否，转至第②步。

⑤保存结论参数。

⑥输入样本，由确定的结论参数计算当前输入样本对应的输出。

⑦反向求导，计算当前样本输出误差对前提参数的导数，并保存。

⑧检测样本是否输入完毕。若是，转至第⑨步；若否，转至第⑥步。

⑨对于每个前提参数，计算各样本导数的和，更新各前提参数。

⑩确认迭代是否达到最大步数。若是，转至第⑪步；若否，转至第②步。

⑪迭代结束，保存结论参数和前提参数。

5）基于 ANFIS 模型的三相流相含率测量

（1）实验平台。

煤粉-生物质-空气三相流相含率测量实验在如图 3-26 所示的气力输送实验平台上进行，主要由 4 部分组成：载气单元、给粉单元、测试单元、收集单元。

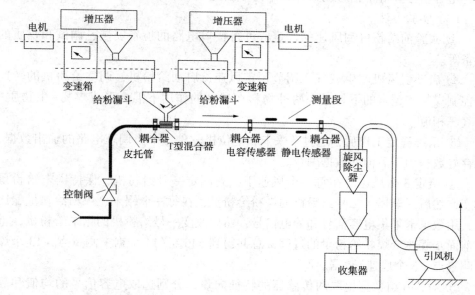

图 3-26　三相流气力输送实验平台

① 载气单元。实验平台采用引风机为供气管道提供载气，送风大小由控制阀控制。使用皮托管后接微压计对管道内风压和风速进行标定，即可由微压计测量管道内风速。

② 给粉单元。该实验平台有两个给粉单元，一个用于粉煤给粉，另一个用于生物质给粉。每个给粉单元由给粉漏斗、变速箱、匀速电机和增压器组成。通

过调节给粉机的圈数(共26圈)即可调节质量流量，在标定时得到圈数与质量流量之间的对应关系。该实验过程中生物质的给粉范围是 0.772~3.092g/s，煤粉的给粉范围为 1.286~5.315g/s。两种物料在锥形漏斗内由电动搅拌棒混合均匀，锥形漏斗的底端与 T 型混合器由一小段柔性管道连接。

③ 测试单元。测试段由一段 800mm 长的水平有机玻璃组成，内、外径分别为 36mm 和 40mm。测试段处玻璃管外壁分别安装有电容传感器和静电传感器，两种感器通过屏蔽线与调理电路连接。

④ 收集单元。在测试单元末端装上集尘器，防止空气污染。

（2）实验环境。

室温为 16~20℃，湿度为 55%~62%。实验中采用神木煤粉和锯末作为两种固相颗粒物料，通过马尔文粒径分析仪测得，粒径范围分别为 60~600μm 和 800~5mm。实验过程分别在三种风速（-12m/s、14.4m/s 和 16.8m/s）下进行。相应地（实验平台标定获得），煤粉体积相含率变化范围为 0.0790‰~0.4354‰，锯末体积相含率变化范围为 0.1129‰~0.6330‰。选用 NI 公司的 USB6008 数采卡，电容信号和静电信号的采样频率为分别为 100Hz 和 2kHz。

（3）实验方法。

① 实验前给粉机和风速的标定，进行接口电路的检查安装、调试和媒质的准备等。

② 启动引风机产生载气，调节预定风速；启动给粉机，调整给粉机的转速来控制煤粉和锯末的下粉量。两种物料在载气的作用下混合形成煤粉-生物质-空气三相流。

③ 系统稳定工作后，通过数采卡和上位机软件，采集调理电路的输出数据，保存好数据用于后面的数据融合。

④ 给定 3 个风速，在每一个风速下，先固定一号给粉机，保持锯末给粉量不变，然后逐渐增大二号给粉机的煤粉给粉量，在每一个锯末、煤粉给粉量配比下，用数采卡采集电容信号和静电信号；然后改变一号给粉机的锯末给粉量，重复前面步骤改变煤粉给粉量的过程，总共得到 546 组（14 个锯末测量点，13 个煤粉测量点，3 个风速）数据。

⑤ 对 546 组数据提取两传感器的特征向量，分别选取电容信号的均值和静电信号的均方根 RMS 值作为特征向量，将这些特征向量作为数据融合模型的输入，它们对应的煤粉相含率和锯末相含率作为模型的输出，多传感器数据融合模型在 MATLAB 平台上进行训练——采用自适应模糊推理系统 ANFIS 模型。

（4）ANFIS 模型的建立。

基于 ANFIS 的多传感器数据融合模型旨在建立两种传感器信号的特征值与各相含率之间的关系，属于特征层的融合。三相流相含率测量的 ANFIS 模型结构如

图 3-16 所示，训练样本为 546 组，模型的输入是电容信号的均值和静电信号的均方根 RMS 值，模型输出是相应的煤粉和锯末的提及相含率。选择钟形隶属函数，最大迭代步数 500，初始步长设为 0.05，其他参数的初始值都设为 0。这里还需要解决其他两个关键问题：规则数目和前提参数的初始化。

① 规则数目。通常情况下，模糊推理系统的规则数目是由专家决定的，对于没有专家的问题，则由经验选取，如检查输出值误差等。这与神经网络相似，没有一种简单的方法可以确定隐层神经元的个数。实际上，模糊规则数目是间接地由每个输入变量的隶属函数数目决定的。这里，采用经验选择的方法，通过检查输出误差和训练时间等，最终选择每个输入变量的隶属函数数目为 5，所以模糊规则数目为 25。

② 前提参数的初始化：前提参数的设置应该是满足隶属函数并均匀地位于输入变量范围内，因此，模糊推理系统可以提供平缓的过渡和有效的重叠。钟形隶属函数具有 3 个拟合参数，参数 c 表示曲线的中心，a 表示钟形隶属函数的主体宽度，b 表示两侧的倾斜程度。此处，对于每个输入变量，其 5 个隶属函数的初始中心分别为输入变量变化区间上的 5 个等宽度区间的中心，b 的初始化值设为 2。

至此，基于传感器数据融合的双输入、双输出 ANFIS 模型便建立完成。前提参数为 30 个（2 个输入变量，每个变量 5 个隶属函数，每个隶属函数 3 个参数），结论参数为 75 个（25 条规则，每条规则对应 3 个参数），总的待调整参数为 105 个。

（5）两种学习算法对 ANFIS 模型进行训练。

在 MATLAB 平台上使用两种不同的学习算法训练 ANFIS 数据融合模型，分别为梯度下降学习算法和混合学习算法。图 3-27 和图 3-28 所示为两种学习算法训练下的 ANFIS 的 RMS（均方根）误差曲线。

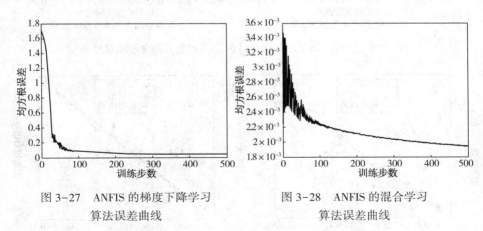

图 3-27　ANFIS 的梯度下降学习　　　　图 3-28　ANFIS 的混合学习
　　　　算法误差曲线　　　　　　　　　　　　算法误差曲线

从图 3-27 中可以看出，使用梯度下降学习算法经过 500 步迭代后，ANFIS 输出的 RMS 从 1.7 降至 0.0425。而且在迭代的前 50 步，误差迅速减小，随后的迭代中误差缓慢减小。这是因为梯度下降算法仅具有局部搜索的能力，在待调整参数的局部范围内，可以使误差趋于最小，但缺乏全局搜索的能力。

从图3-28中可以看出，使用混合学习算法，ANFIS输出的RMS从0.0035左右降低到0.0019。显然，在第一步迭代中的误差很小。这是因为在第一次迭代的正向过程中，使用了卡尔曼滤波算法来更新结论参数，此结论参数是由输入变量和前提参数决定的，而不像梯度下降算法中毫无依据的给结论参数赋初值。正是由于使用了卡尔曼滤波算法，使得待调整参数处于全局最优解的小范围内，再结合梯度下降算法，就可以搜寻到全局最优解，这是仅使用梯度下降算法所无法比拟的。

（6）实验结果。

在测试中，选择3个不同的风速（13.6m/s、14.9m/s、16.1m/s），选取锯末给粉机的转速圈数点为6个，煤粉给粉机的转速圈数点为6个，因此，煤粉的体积浓度测试点有18个，锯末的体积浓度测试点有18个，总的浓度测试样本为108个。为了使绘制的煤粉和锯末浓度测试结果简单明了，图3-29和图3-30仅展示了同步改变两给粉机圈数时得到的相含率测量值。

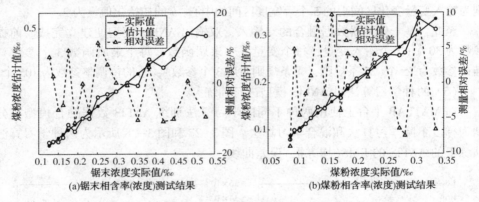

图3-29　梯度下降学习算法 ANFIS 的三相流分相含率测试结果

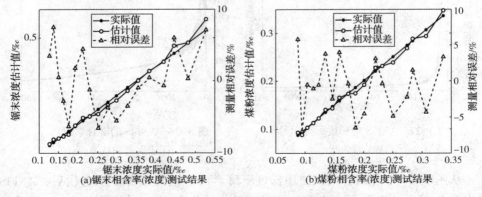

图3-30　混合学习算法 ANFIS 的三相流分相含率测试结果

从图 3-29 和图 3-30 中可以看出，两种融合算法得到的浓度估计值和实际浓度之间的绝对误差都比较小，尤其当采用混合算法时得到的两种媒质相含率估计值与实际值吻合更好。固相相含率测量的最大相对误差为 5%~10%。

3. 基于 SVM 的多传感器融合相含率测量

支持向量机（Support Vector Machine，SVM）作为多传感器信息融合的方法具有适合小样本学习、全局最优、学习能力强和泛化性能好等优点。支持向量机是统计学习理论的 VC 维理论和结构风险最小原理基础上发展而来的一种智能算法。相含率预测实际上是回归问题，需要建立固相体积相含率与静电信号、电容信号之间的关系。基于 SVM 的多元回归模型用于煤粉和生物质的相含率，提取电容信号的平均值和静电信号的均方根（RMS）值作为特征，此外，还可以考虑提取流速、温度等信号的特征值用作相含率测量的回归模型的输入，煤粉和生物质的体积相含率是该模型的输出。

1）支持向量回归（SVR）原理

设定训练样本集：$S = [(x_1, y_1), (x_2, y_2), \cdots, (x_l, y_l)] \subset R^n \cdot R$，假如最优超平面 $f(x) = <w, x> + b$，$w \in R^n$，$b \in R$，则满足式（3-53）：

$$|y_i - f(x_i)| \leq \varepsilon, \quad i = 1, 2, \cdots, l \tag{3-53}$$

点 (x_i, y_i) 与该最优超平面 $f(x)$ 的距离为：

$$d_i = \frac{|<w, x_i> + b - y_i|}{\sqrt{1 + \|w\|^2}} \tag{3-54}$$

可得：

$$d_i \leq \frac{\varepsilon}{\sqrt{1 + \|w\|^2}}, \quad i = 1, 2, \cdots, l \tag{3-55}$$

SVM 是用结构风险最小化代替经验风险最小化，因此，最优超平面就应使 d_i 最大化。由于 ε 是已经设定好的常数，因此，优化目标为：

$$\min \frac{1}{2} \|w\|^2 \tag{3-56}$$

$$\text{s.t.} \ <w, x_i> + b - y_i | \leq \varepsilon, \quad i = 1, 2, \cdots, l \tag{3-57}$$

为了提高支持向量机的泛化能力，引入两组非负的松弛变量：ξ_i，$\xi'_i \geq 0$，$i = 1, 2, \cdots, l$。从而描述定义的 ε 不敏感损失函数，根据 $|\xi|$ 与 ε 的大小关系，可定义为：

$$|\xi|_\varepsilon = \begin{cases} 0, & |\xi| \leq \varepsilon \\ |\xi| - \varepsilon, & |\xi| > \varepsilon \end{cases} \tag{3-58}$$

松弛变量 ξ 不能无限大，否则任意的超平面都符合条件。因此，在式（3-56）后加上一项，使松弛变量的总和也要最小：

$$\min \frac{1}{2} \| w \|^2 + C \sum_{i=1}^{l} (\xi_i + \xi'_i) \tag{3-59}$$

$$\text{s.t. } f(x_i) - y_i \leqslant \xi' + \varepsilon, \quad i = 1, 2, \cdots, l \tag{3-60}$$

$$y_i - f(x_i) \leqslant \xi_i + \varepsilon, \quad i = 1, 2, \cdots, l \tag{3-61}$$

$$\xi_i, \ \xi'_i \geqslant 0, \quad i = 1, 2, \cdots, l \tag{3-62}$$

式中，C 为惩罚因子，是训练之前给定的参数。

引入拉格朗日函数将约束条件与目标函数融合：

$$L(w, b, \xi, \alpha, \alpha^*, \gamma) = \frac{1}{2} \| w \|^2 + C \sum_{i=1}^{l} (\xi_i + \xi_i^*) -$$

$$\sum_{i=1}^{l} \alpha_i (\xi_i + \varepsilon - y_i + <w, x_i> + b) - \tag{3-63}$$

$$\sum_{i=1}^{l} \alpha_i^* (\xi_i + \varepsilon + y_i - <w, x_i> - b) - \sum_{i=1}^{l} \gamma_i (\xi_i + \xi_i^*)$$

式中，α_i、α_i^*、$\gamma_i \geqslant 0$、$i = 1, 2, \cdots, l$。

整理可得对偶形式：

$$\text{Maximize：} -\frac{1}{2} \sum_{i,j=1}^{l} (\alpha_i - \alpha_i^*)(\alpha_j - \alpha_j^*) <x_i, x_j> +$$

$$\sum_{i=1}^{l} (\alpha_i - \alpha_i^*) y_i - \sum_{i=1}^{l} (\alpha_i + \alpha_i^*) \varepsilon \tag{3-64}$$

$$\text{s.t. } \sum_{i=1}^{l} (\alpha_i - \alpha_i^*) = 0 \tag{3-65}$$

$$0 \leqslant \alpha_i, \ \alpha_i^* \leqslant C, \ i = 1, 2, \cdots, l \tag{3-66}$$

由于相含率测量针对的是非线性系统，所以往往需要用事先选择的非线性映射 $\phi(x)$ 将输入变量映射到一个高维特征空间，需要引入核函数 $K(x_i, x_j) = \langle \phi(x_i), \phi(x_j) \rangle$。常用的核函数有多项式核函数、高斯径向基核函数、Sigmoid 核函数等。这里选择高斯函数作为核函数，$K(x_i, x_j) = e^{-g * \| x_i - x_j \|^2}$，高斯核函数可以将原始空间映射为无穷维空间，且参数较少，能够降低计算量，不会造成维数灾难，则式(3-64)变为：

$$\text{Maximize：} -\frac{1}{2} \sum_{i,j=1}^{l} (\alpha_i - \alpha_i^*)(\alpha_j - \alpha_j^*) K(x_i, x_j) +$$

$$\sum_{i=1}^{l} (\alpha_i - \alpha_i^*) y_i - \sum_{i=1}^{l} (\alpha_i + \alpha_i^*) \varepsilon \tag{3-67}$$

约束仍然为式(3-65)和式(3-66)。求解出 α 的值后，最优超平面如下：

$$f(x) = \sum_{i=1}^{l} (\alpha_i - \alpha_i^*) K(x_i, x) + b \tag{3-68}$$

鉴于支持向量机的特殊性质，只有支持向量对应的 α_i 和 α_i^* 才不为零，其他都为零，因此，训练完成的 SVM 模型只需要包含支持向量。在求得支持向量之后，选择任意的支持向量 (x_j, y_j)，即可得到 b 的值：

$$b = y_j - \varepsilon - \sum_{i=1}^{l} (\alpha_i - \alpha_i^*) K(x_i, x_j), \quad \alpha_j \in (0, C) \qquad (3\text{-}69)$$

$$b = y_j + \varepsilon - \sum_{i=1}^{l} (\alpha_i - \alpha_i^*) K(x_i, x_j), \quad \alpha_j^* \in (0, C) \qquad (3\text{-}70)$$

而求解 α、x_i 和系数 b 的过程就是 SVM 的训练过程，得到这些参数后，就可以得到该 SVM 模型输入数据 x 时的输出 $f(x)$，即 SVM 的预测过程。在训练之前，需要给定惩罚参数 C 以及核函数参数 g，并对它们进行优化，这是确定模型最关键的环节。

2）基于 PSO 的 SVM 参数优化

这里采用交叉验证的方式来优化参数，把原始数据分成训练集和验证集，首先用训练集的数据进行模型训练，然后使用验证集的数据来测试训练的模型，以得到的均方误差，作为评价该 SVM 模型的指标。具体实施步骤为：先建立 C 和 g 的组合值的集合，然后在特定的一组 C 和 g 下，将原始数据分为 K 组，每组数据都轮流做一次验证集，这时，剩下的 $K-1$ 组数据作为训练集，得到了 K 个 SVM 模型，接着用这 K 个模型验证集的均方误差的大小作为评价由这一组 C 和 g 训练得到的 SVM 模型性能的标准。SVM 优化流程如图 3-31 所示。

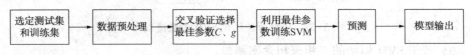

图 3-31　SVM 优化流程图

SVM 参数优化通常有网格搜索法、遗传算法（Genetic Algorithm，GA）、粒子群算法（Particle Swarm Optimization，PSO）。这里选择 PSO 算法作为 SVM 模型的参数 C 和 g 的寻优算法。

1995 年，Kennedy 和 Eberhart 提出了 PSO 算法，该算法从生物种群行为特征中得到启发可用于求解最优化问题。该算法中，每个粒子都代表问题的一个潜在的最优解，它们的适应度值由适应度函数（根据具体问题选择）计算得到。粒子通过跟踪个体极值和群体极值来更新个体位置和速度。粒子每次更新位置之后，都会重新计算新的适应度值，并更新个体极值和群体极值：

$$V_{\text{id}}^{k+1} = \omega_1 V_{\text{id}}^{k} + c_1 r_1 (P_{\text{id}}^{k} - X_{\text{id}}^{k}) + c_2 r_2 (P_{\text{gd}}^{k} - X_{\text{id}}^{k}) \qquad (3\text{-}71)$$

$$X_{\text{id}}^{k+1} = X_{\text{id}}^{k} + \omega_2 V_{\text{id}}^{k+1} \qquad (3\text{-}72)$$

式中，V_{id} 为粒子速度；X_{id} 为粒子位置；P_{id} 为个体极值位置；P_{gd} 为群体极值位置；ω_1、ω_2 为速度前系数；c_1 和 c_2 为非负的常数，一个代表参数局部搜索能力，另一个代表参数全局搜索能力；r_1、r_2 为 $[0, 1]$ 之间的随机数；需限制粒子的位置和速度以防止搜索范围过大，区间大小为 $[-X_{\max}, X_{\max}]$、$[-V_{\max}, V_{\max}]$。

PSO 算法初始化时，需要先确定适合的群体规模，规模过小会导致陷入局部最优，而过大则会增加计算时间。要初始化参数 ω_1、ω_2，参数 c_1 和 c_2，以及最大速度 V_{max}。V_{max} 太大，会使粒子飞过最优区域，降低了粒子的局部搜索能力，V_{max} 太小，会导致搜索缓慢，易陷入局部最优。一般将 V_{max} 选为问题空间的 10%~20%。PSO 算法优化 SVM 参数流程如图 3-32 所示。

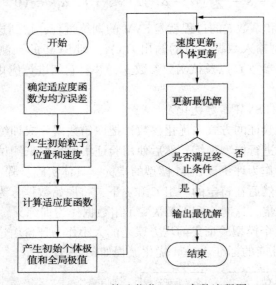

图 3-32　PSO 算法优化 SVM 参数流程图

3）基于 SVM 模型的三相流相含率测量

（1）实验方法。

基于 SVM 模型的煤粉-生物质-空气三相流相含率测量实验同样在气力输送实验平台上进行，主要由四部分组成：载气单元、给粉单元、测试单元、收集单元。

结合第 2 章所述的 HMM 流型识别方法，采用先流型识别再预测相含率的方法。在原有实验平台上增加流行发生器单元，安装在测试管道之前，用来产生工业现场中常见的 3 种流型：均匀流、层流及绳流。基于流行识别的相含率测量流程如图 3-33 所示。

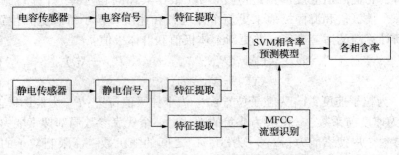

图 3-33　SVM+MFCC 相含率测量流程图

每一种流型下，采集300(3个风速，10个花生壳测量点，10个煤粉测量点)组数据，其中，250组数据用于训练样本，50组数据用于测试样本。PSO优化参数初始参数为：最大迭代次数设为150，群体规模为20，C和g的范围设为[0.01，200]和[0.001，100]，ω_1和ω_2均设为1，c_1设为1.5，c_2设为1.7，V_{cmax}设为30，V_{gmax}也设为30。图3-34和图3-35所示为煤粉相含率和花生壳相含率模型在参数寻优过程中的适应度曲线(以层流为例)。

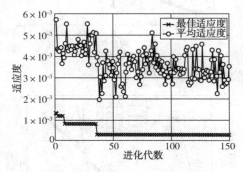

图3-34　煤粉相含率测量模型　　　　图3-35　花生壳相含率测量模型
　　　　适应度曲线(层流)　　　　　　　　　　适应度曲线(层流)

从图3-34和图3-35可以得出，煤粉相含率测量模型的最优参数(C，g)是(15.7986，0.1169)，均方根误差是0.00030239；花生壳相含率测量模型的最优参数(C，g)是(26.6805，0.1031)，均方根误差是0.00042008。

(2)实验结果。

利用采集到的数据和优化后的初始参数，在MATLAB平台上训练CGHMM流型识别模型和SVM相含率预测模型。在线测量实验中，首先用流行发生器发生1个未知的流型，2个载气速率，5个煤粉测量点和5个生物质测量点，得到共50组测量数据。为了使绘制的煤粉和生物质相含率测试结果简单明了，仅给出同步改变两给粉机圈数时得到的相含率测量值，即10个测量点(表3-8)。每种流型下的煤粉和生物质测量结果如图3-36~图3-38所示。

表3-8　测量点

流速/(m/s)	25					19				
测量点	1	2	3	4	5	6	7	8	9	10
煤粉质量流量/(g/s)	27.20	30.04	33.63	40.00	45.36	38.05	42.62	52.26	57.66	64.60
生物质质量流量/(g/s)	28.36	31.30	35.06	41.87	48.96	41.07	46.00	57.39	63.33	70.94

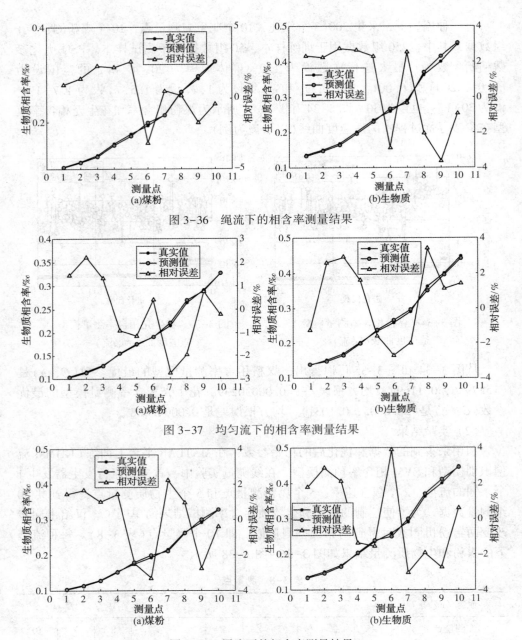

图 3-36　绳流下的相含率测量结果

图 3-37　均匀流下的相含率测量结果

图 3-38　层流下的相含率测量结果

从图 3-36~图 3-38 可以看出，基于 SVM 预测模型得到的相含率估计值和实际相含率之间的绝对误差都比较小，尤其均匀流下的相含率估计值与实际值吻合较好。相比于无流型识别的相含率测量方法，这种先识别流型后预测相含率的方法通常可以降低测量误差约 3%~10%。

参 考 文 献

[1] 高鹤明. 管内气固两相流的静电层析成像技术[D]. 南京: 东南大学, 硕士学位论文, 2012.

[2] 牟昌华, 彭黎辉, 姚丹亚, 等. 一种基于电势分布的电容成像敏感分布计算方法[J]. 计算物理, 2006, 23(1): 87-92.

[3] 李海青, 黄志尧. 特种检测技术及应用[M]. 杭州: 浙江大学出版社, 2000: 74-84.

[4] 赵雪英, 郭雨梅. 一种小电容检测方法——充放电法[J]. 沈阳工业大学学报, 2003, 25(1): 55-57.

[5] 侯亚宾, 卜雄洙, 孙斌. 微小电容检测系统的设计及应用[J]. 国外电子测试技术, 2015, 34(12): 87-90.

[6] 王雷, 王保良, 冀海峰, 等. 电容传感器新型微弱电容测量电路[J]. 传感技术学报, 2002(04): 273-277.

[7] 王化祥. 电学层析成像[M]. 北京: 科学出版社, 2013: 122-124.

[8] Yang W Q, Stott A L, Beck M S. High frequency and high resolution capacitance measuring circuit for process tomography[J]. IEEE Proceedings-Circuits, Devices and Systems, 1994, 141(3): 215-219.

[9] Huang S M, Xie C G, Thorn R, et al. Design of sensor electronics for electrical capacitance tomography[J]. Measurement Science & Technology, 1992, 10(1): 83-88.

[10] Wang B, Ji H, Huang Z, et al. A high-speed data acquisition system for ECT based on the differential sampling method[J]. IEEE Sensors Journal, 2005, 5(2): 308-312.

[11] Ghai L L, Pao W K S, Hisham H N, et al. Design of helical capacitance sensor for holdup measurement in two-phase stratified flow: a sinusoidal function approach[J]. Sensors, 2016, 16(7): 1032.

[12] Kerpel K D, Ameel B, T Joen C, et al. Flow regime based calibration of a capacitive void fraction sensor for small diameter tubes[J]. International Journal of Refrigeration, 2013, 36(2): 390-401.

[13] Zhai L, Jin N, Gao Z, et al. Liquid holdup measurement with double helix capacitance sensor in horizontal oil-water two-phase flow pipes[J]. Chinese Journal of Chemical Engineering, 2015, 23(1): 268-275.

[14] Ye J, Peng L, Wang W, et al. Helical capacitance sensor-based gas fraction measurement of gas-liquid two-phase flow in vertical tube with small diameter[J]. IEEE Sensors Journal, 2011, 11(8): 1704-1710.

[15] Kendoush A A, Sarkis Z A. Improving the accuracy of the capacitance method for void fraction measurement[J]. Experimental Thermal & Fluid Science, 1995, 11(4): 321-326.

[16] Reis E D, Cun h, DDS. Experimental study on different configurations of capacitive sensors for measuring the volumetric concentration in two-phase flows[J]. Flow Measurement & Instrumentation, 2014, 37: 127-134.

[17] Hu H L, Xu T M, Hui S E, et al. A novel capacitive system for the concentration measurement

of pneumatically conveyed pulverized fuel at power stations[J]. Flow Measurement & Instrumentation, 2006, 17（2）: 87-92.

［18］ Yang W Q, Stott A L, Beck M S. High frequency and high resolution capacitance measuring circuit for process tomography[J]. IEEE Proceedings-Circuits, Devices and Systems, 1994, 141（3）: 215-219.

［19］ Salehi S M, Karimi H, Dastranj A A. A Capacitance sensor for gas/oil two phase flow measurement: exciting frequency analysis and static experiment[J]. IEEE Sensors Journal, 2017, 17（3）: 679-686.

［20］ 周云龙, 孙斌, 李洪伟. 多相流参数检测理论及其应用[M]. 科学出版社, 2010.

［21］ 王佳荣, 冯驰, 崔炜. 基于 DDS 的高频率高精度信号发生器[J]. 吉林大学学报(信息科学版), 2017, 34(4): 501-506.

［22］ 亢凯, 阎渊海, 胡泽民, 等. 基于 DDS 技术的杂散抑制和正弦信号源的实现[J]. 电子技术应用, 2017, 43(12): 9-12.

［23］ Thorn R, Johansen G A, Hammer E A. Recent developmentsin three-phase flow measurement [J]. Measurement Science and Technology, 1997, 8(7): 691-701.

［24］ Zhang F S, DongF. Flow rate measurement of oil/gas/water threephase flow with V-cone flow meter[J]. in Proc. AIP Conf. 2010, 1207(1): 178-182.

［25］ Gholipour Peyvandi R, Islami Rad S Z. Application of artificial neural networks for the prediction of volume fraction using spectra of gamma rays backscattered by three-phase flows[J]. The European Physical Journal Plus, 2017, 132(12): 511.

［26］ Wang Q, Polansky J, Wang M. Capability of dual-modality electrical tomography for gas-oil-water threephase pipeline flow visualisation[J]. Flow Measurement & Instrumentation, 2018, 62: 152-166.

［27］ Fischer C. Development of a metering system for total mass flow and compositional measurements of multiphase/multicomponent flows such as oil/water/air mixtures[J]. Flow Measurement and Instrumentation, 1994, 5(1): 31-42.

［28］ 戴玮, 谭超, 董峰. 水平管道油气水三相流含水率测量[J]. 传感器与微系统, 2015(1): 135-137.

［29］ 张凯, 胡东芳, 王保良, 等. 基于 CCERT 与声发射技术的气液固三相流相含率测量[J]. 北京航空航天大学学报, 2017(11): 175-181.

［30］ 李健. 气固两相流动参数静电与电容融合测量方法研究[D]. 南京: 东南大学, 博士学位论文, 2016.

［31］ Wang X, Hu H, Liu X. Multisensor data fusion techniques with ELM for pulverized-fuel flow concentration measurement in cofired power plant[J]. IEEE Transactions on Instrumentation & Measurement, 2015, 64（10）: 2769-2780.

［32］ Wang X, Hu H, Zhang A. Concentration measurement of three-phase flow based on multi-sensor data fusion using adaptive fuzzy inference system[J]. Flow Measurement & Instrumentation, 2014, 39(10): 1-8.

［33］ Wang X X, Hu H L, Liu X, et al. Concentration measurement of dilute pulverized fuel flow by electrical capacitance tomography[J]. Instrumentation Science & Technology, 2015, 43 (1): 89-106.

[34] Gao H, Xu C, Fu F, et al. Effects of particle charging on electrical capacitance tomography system[J]. Measurement, 2012, 45 (3): 375-383.

[35] Xu C, Tang G, Wang S. Charging of coal powder particles in dense phase pneumatic conveying system at low pressure[J]. Dielectrics & Electrical Insulation IEEE Transactions on, 2009, 16 (2): 386-390.

[36] 李虎, 杨道业, 程明霄, 等. 螺旋极板电容式传感器的特性研究和参数优化[J]. 仪表技术与传感器, 2011, (8): 7-10.

[37] 胡红利, 徐通模, 惠世恩. 电容式煤粉浓度计研制[J]. 自动化与仪器仪表, 2008, (4): 98-99+102.

[38] Zadeh L A. Fuzzy sets[J]. Information & Control, 1965, 8(3): 338-353.

[39] Jang J R. Anfis: adaptive-network-based fuzzy inference system[J]. IEEE Transactions on System, Man, and Cybernetics, 1993, 23(3): 665-685.

[40] Jang J R. Fuzzy modeling using generalized neural networks and Kalman filter algorithm[C]. Proceedings of the ninth National Conference on Artificial Intelligence (AAAI-91), 1991: 762-767

[41] Wang X X, Hu H L, Zhang A. Concentration measurement of three-phase flow based on multi-sensor data fusion using adaptive fuzzy inference system[J]. Flow Measurement and Instrumentation. 2014, 39: 1-8.

[42] 秦炎峰, 陈铁军. 自适应神经模糊推理系统的参数优化方法[J]. 微计算机信息, 2008, 24(6-3): 222-224.

[43] Vapnik VN. An overview of statistical learning theory[J]. IEEE Transactions on Neural Networks, 1999, 10 (10): 988-999.

[44] 邓乃扬, 田英杰. 支持向量机: 理论、算法与拓展[M]. 北京: 科学出版社, 2009.

[45] Ismail S, Shabri A, Samsudin R. A hybrid model of self-organizing maps (SOM) and least square support vector machine (LSSVM) for time-series forecasting[J]. Expert Systems with Applications, 2011, 38 (8): 10574-10578.

[46] 沈艳, 郭兵, 古天祥. 粒子群优化算法及其与遗传算法的比较[J]. 电子科技大学学报, 2005, 34 (5): 696-699.

[47] 汤可宗. 遗传算法与粒子群优化算法的改进及应用研究[D]. 南京: 南京理工大学, 博士学位论文, 2011.

[48] Xiaoxin Wang, Hongli Hu, Huiqin Jia, et al. SVM-based multisensor data fusion for phase concentration measurement in biomass-coal co-combustion[J]. Review of Scientific Instruments, 2018, 89(5): 55-106.

第 4 章　电容层析成像技术

层析成像技术的出现为工业生产和科学研究提供了新的可视化无损测量手段。1895 年，德国物理学家伦琴在实验室发现了一种具有超强穿透力的射线——X 射线，并拍下了人类的第一张 X 射线照片。因此获得了 1901 年的诺贝尔物理学奖，开创了无损成像的新时代。1969 年，半个多世纪后，美国物理学家 Cormack 和英国工程师 Hounsfield 构造出了第一台 CT 样机，从此，可视化测量技术提高至计算断层成像的水平。二人因此共同荣获了 1979 年的诺贝尔医学奖。CT 技术图像重建的数学基础为 1917 年奥地利数学家 Radon 建立的 Rodan 变换理论。CT 图像重建属于硬场，即探测信号的分布（如射线指向）与被测区域的物质分布不存在复杂的非线性关系，被测区域的物质分布不影响射线的指向，且与检测信号的强度存在比较简单的对应关系。因此，CT 图像重建可以认为只涉及空间域的变换，而与时间无关。

随着现代工业对生产过程控制的要求不断提高，封闭管道内部多相流的可视化信息逐渐成为现代工业闭环控制的重要参量，各领域对其需求日益增加。过程层析成像技术（Process Tomography，PT）作为新一代的以多相流为主要检测对象的空间参数分布状况实时检测技术，正迅速发展成为一种重要的工业过程控制配套技术。经过十几年的发展，基于不同敏感机理的过程层析成像技术已有数十种，包含射线（X 射线、γ 射线等）层析成像技术、光学层析成像技术、超声层析成像技术、核磁共振层析成像技术、微波层析成像技术与电学层析成像技术等。其中，电学层析成像技术（Electrical Tomography，ET）是基于不同电学敏感机理的层析成像技术，具有非入侵、无辐射、可视化及响应速度快等优点。

第 1 节　电学层析成像技术研究现状

目前，多相流工业过程的层析成像多采用电学层析成像技术，相对于其他成像技术，电学层析成像技术的优点在于成像速度高、成本低、非侵入且安全性高。电学层析成像技术主要包括电容层析成像技术（Electrical Capacitance Tomography，ECT）、电阻层析成像技术（Electrical Resistance Tomography，ERT）和电磁层析成像技术(Electromagnetic Tomography，EMT)。虽然这3种模态的电学层析成像技术具有相似的系统结构，但它们测量的物理量和测量原理有所不同，因此在应用对象上也各有侧重。

EMT主要应用于钢铁和铝业生产过程中含导电或导磁介质的混合流体的流动成像及参数测量，ERT和ECT则主要应用于石油、化工生产过程中由油、气、水、固等两相或三相组成的混合流体的流动成像和参数测量。ERT属于接触式传感器，其测量电极需与被测混合流体接触，电极易受流体磨损或腐蚀，甚至影响流体特性，进而给测量结果带来不利影响。与其他ET相比，ECT是一种基于电容敏感机理的层析成像技术，具有非侵入、响应速度快、适用范围广、安全性高且无辐射、设备结构简单且成本低廉等优点，这些优点使ECT成为多相流状态监测的热门选择，具有广阔的应用前景。

第2节　电容层析成像系统

ECT作为比较成熟的工业断层扫描技术，与医学上应用的传统的X射线扫描仪(即CT)有很多相似点，它们都可以用来提供材料的横截面分布情况。但是，不同于医学CT系统的硬场，ECT系统的敏感场属于软场，且具有不适定性及非线性，这些因素都为实现图重构带来了难度。20世纪80年代后期，英国曼彻斯特大学理工学院M. S. Beck教授及其科研团队率先开展了对工业过程层析成像技术的研究，并于1988年率先研制出第一台用于检测两相流参数的8电极阵列构成的ECT电容层析成像系统。20世纪90年代以来，电容层析成像技术在国内外都得到了较快发展。国外的曼彻斯特大学、利兹大学、美国能源部摩根城能源技术中心及一些中小型企业组成的研究小组对电容层析成像的优化及应用做了大量研究；国内的清华大学、天津大学、西安交通大学及中国科学院等高校及科研机构也开展了相关研究。

电容层析成像的基本原理是根据不同介质具有不同介电常数这一基本物理性质，通过电容电极阵列获取被测区域物质空间分布信息，以电容信号作为载体进行处理与传输，采用适当的信息重构算法，重构被测区域内介质分布参数，即根据电磁场的分布及边界条件反演敏感场内各介质的空间分布。利用电容层析成像技术实现管道内部多相流的可视化，其测量系统主要由3部分组成(图4-1)：电容传感器阵列(信息获取单元)、数据采集与处理(信息处理单元)和图像重构计算机(信息恢复单元)。

电容层析成像包含正、逆两个技术问题。其中，正问题是在已知传感器结构、激励/测量模式、敏感场内介质分布及场域边界条件(施加的外部激励信号)

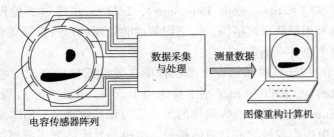

图 4-1　电容可视化测量系统图

的前提下，求解场域内电磁场的分布，从而建立场域边界电响应与介质分布的对应关系，即敏感场分布；逆问题即图像重构，是 ECT 的另一关键问题，其实质是由测量电容值反演出管道内电介质分布状态。

根据 ECT 的测量原理，当 ECT 传感器敏感区域内部不存在自由电荷(即介质不带电)时，其物理模型可以描述为电势函数的狄里克莱问题：

$$\begin{cases} \nabla^2 \varphi \big|_{\Omega} = \dfrac{\rho}{\varepsilon} \\ \varphi \big|_{\partial \Omega_i} = V_E \\ \varphi \big|_{\partial \Omega_n,\ n \neq i} = 0 \end{cases} \tag{4-1}$$

式中，φ 为场域内点位分布函数；i 号电极为激励电极；V_E 为激励电压；其余电极均应接地或与地等电位；Ω 为场域；$\partial \Omega_i$ 为 i 电极表面。

当选择 j 号电极为待测电极时，该激励模式下的电容测量为：

$$C_{ij} = \frac{Q_j}{V_E} = -\frac{1}{V_E} \int_{\partial \Omega_j} \varepsilon_0 \varepsilon_r \nabla \varphi \cdot \mathrm{d}s \tag{4-2}$$

通过数值方法求解式(4-1)和式(4-2)就可得到 ECT 正问题所需的全部量值。

ECT 的正问题通常采用数值计算法，主要有有限差分法、有限元法及边界元法等。其中，有限元法适合求解非线性场及分层介质中电磁场，且不受场域边界形状的限制，是目前最常用于 ECT 正问题求解的数值方法。

1. 电容传感器阵列

电容层析成像传感器阵列由围绕着绝缘管道周围的一圈电极构成。目前，根据管道的形状，传感器分为圆形和方形两种。常用的 ECT 电容传感器电极数以 8、12、16 个居多。增加电极数，可以得到更多的场域内流型分布的扫描信息，降低图像重构过程中的非适定性；然而，增加电极数势必会降低传感器测量区域的灵敏度，与此同时，电极数目的增加也意味着采集时间增加，运算量及重构耗时也将随之增加。因此，电极数目需要结合实际情况选择，本小节以 12 电极圆形阵列电容传感器为例，其结构如图 4-2 所示。

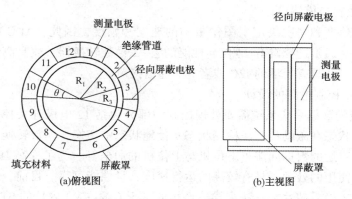

图 4-2　ECT 系统电极阵列示意图

为防止外界静电对测量电容的影响，传感器外部设有接地的屏蔽罩；而接地的径向屏蔽电极用以降低相邻极板间的电容泄露带来的影响。依据 ECT 的工作原理，需要获得两两电极之间的电容值，对于一个 N 电极的 ECT 系统，其测量方式为以电极 1 为激励电极，电极 2，3，…，N 为测量电极并处于虚地状态，测量电极 1 和电极 2，电极 1 和电极 3，…，电极 1 和电极 N 之间的电容。此后，以电极 2 为激励电极，其余电极虚地，电极 3，4，…，N 作为测量电极，测量电极 2 和电极 3，电极 2 和电极 4，…，电极 2 和电极 N 之间的电容值，并以此类推。因此，得到的独立板极电容个数 M 为：

$$M = \frac{N \cdot (N-1)}{2} \tag{4-3}$$

这里采用 12 电极阵列电容传感器，即 $N=12$，通过式（4-3）可以得到两两电极之间的电容值共 66 个。为方便后续准确描述，这里以 C_{ij} 表示电极 i 为激励电极、电极 j 为测量电极时，电极 i 与电极 j 之间的电容值。

2. 电容测量系统

对于电容成像系统，相邻极板组合之间的电容常小于 1pF，比极板组合之间的电容值通常小几十飞法，而屏蔽电缆的分布电容约为 100pF/m，因此，测量电路不仅需要具有检测微小电容的能力，而且还应具备抗杂散电容的能力。在第 3 章中，分别介绍了交流法及充放电法检测电路，要完成 ECT 的测量，还需要模拟选通开关、数模转换及时序控制等模块。

1）高速模拟选通开关

根据目前层析成像系统的实时性要求，选择合适的高速模拟选通开关是实现在线重构的关键。根据电极数的不同，可以选择 8 选 1、16 选 1 或者组合方式的模拟复用器，所选芯片需具有导通阻抗低、注入电荷低、转换时间快等特点。应特别注意复用器的供电模式，尽量选择双极性供电方式，避免信号失真。

2）模数转换模块设计

采集的速度和精度决定了图像重构的速度和精度，因此，ADC 的选择也很重要。目前，通常选择具有 24 位高性能的 $\Sigma-\Delta$ 模数转换器，兼具高精度和高速度两个特点，并具有灵活的 I2C 或者 SPI 通信接口。

3）ARM 控制电路的设计

12 电极的数据采集系统需要处理控制的部分包括 12 电极开关控制阵列，控制每个电极状态在激励状态、检测状态及接地状态中切换，模数转换模块开始转换及转换结束后的数据回流，下位机与上位机的通信等。为了提高 DCPT 的成像速度，需要使用的处理器具有较高的运行速度，且性能可靠。目前，使用比较广泛、性能比较稳妥芯片为意法半导体公司的基于 Cotex-M4 内核的 STM32F407 芯片，该芯片拥有丰富的资源，IO 口多达 114 个，运行频率可倍频至 168MHz，功耗低至 $238\mu A/MHz$，是实现控制系统功能的常用芯片。

4）正弦信号发生器的设计

正弦信号发生器通常有两种设计方案，一种是利用集成芯片产生单一频率信号，另一种是基于 DDS 模块产生频率和幅值均可调的信号发生器，具体电路的选择需要根据后续的实验数据确定。

3. 成像计算机

成像系统采用 PC 负责对外围接口电路发出指令以控制数据采集系统采集数据，并从数据采集系统接收数据，然后，进行图像重构和图像显示，并提取相应流动参数。

第3节 灵敏度系数求解方法

1. 常用电势法灵敏度系数求解

目前，常用于灵敏度系数求解的方法主要有扰动法和电势分布法。扰动法是根据灵敏度系数的定义直接求解，参考公式(3-3)。电势分布法也称为场量提取法，是通过求解场域内电势分布的方式求解。

根据高斯定理：

$$\int_{\Omega} \nabla \cdot A \mathrm{d}s = \oint_{\Gamma} A \cdot \mathrm{d}l \tag{4-4}$$

取 $A = \phi_i \varepsilon_j \nabla \phi_j$，则式(4-4)可以写成：

$$\int_\Omega \nabla \cdot (\varphi_i \varepsilon_j \nabla \varphi_j) \, \mathrm{d}s = \oint_\Gamma \varphi_i \varepsilon_j \nabla \varphi_j \cdot \mathrm{d}l \tag{4-5}$$

式中，φ_i 和 φ_j 分别为第 i 和第 j 个电极施加激励时的电势函数。

进一步有：

$$\int_\Omega \nabla \cdot (\varphi_i \varepsilon_j \nabla \varphi_j) \, \mathrm{d}s = \int_\Omega \varphi_i [\nabla \cdot (\varepsilon_j \nabla \varphi_j)] \, \mathrm{d}s + \int_\Omega \varepsilon_j \nabla \varphi_j \cdot \nabla \varphi_i \mathrm{d}s \tag{4-6}$$

$$\oint_\Gamma \varphi_i \varepsilon_j \nabla \varphi_j \cdot \mathrm{d}l = \sum_{p=1}^N \oint_{\Gamma_p} \varphi_i \varepsilon_j \nabla \varphi_j \cdot \mathrm{d}l = V \oint_{\Gamma_i} \varepsilon_j \nabla \varphi_j \cdot \mathrm{d}l = -V Q_{ji} \tag{4-7}$$

这里，由于：

$$\int_\Omega \varphi_i [\nabla \cdot (\varepsilon_j \nabla \varphi_j)] \, \mathrm{d}s = 0 \tag{4-8}$$

可以得到：

$$\int_\Omega \varepsilon_j \nabla \varphi_j \cdot \nabla \varphi_i \mathrm{d}s = \oint_\Gamma \varphi_i \varepsilon_j \nabla \varphi_j \mathrm{d}l = -V Q_{ji} \tag{4-9}$$

同理，可以得到：

$$\int_\Omega \varepsilon_i \nabla \varphi_i \cdot \nabla \varphi_j \mathrm{d}s = \oint_\Gamma \varphi_j \varepsilon_i \nabla \varphi_i \mathrm{d}l = -V Q_{ij} \tag{4-10}$$

两式相减，可得：

$$\int_\Omega (\varepsilon_i - \varepsilon_j) \nabla \varphi_i \cdot \nabla \varphi_j \mathrm{d}s = \oint_\Gamma (\varphi_j \varepsilon_i \nabla \varphi_i - \varphi_i \varepsilon_j \nabla \varphi_j) \mathrm{d}l = -V Q_{ij} + V Q_{ji} \tag{4-11}$$

当 $\varepsilon_i = \varepsilon_j = \varepsilon$ 时，有：

$$Q_{ji} = Q_{ij} \tag{4-12}$$

当极板 i 加激励 V 保持不变时，介质 ε_i 在一个区域 σ 发生变化，该区域可视为图像的像素点，而在 Ω 的其他地方保持不变，$\varepsilon_i = \varepsilon + \Delta\varepsilon$，这时 $\varphi_i \rightarrow \varphi'_i$，则：

$$\int_\Omega \Delta\varepsilon \nabla \varphi_i' \cdot \nabla \varphi_j \mathrm{d}s = \oint_\Gamma [\varphi_j (\varepsilon + \Delta\varepsilon) \nabla \varphi_i' - \varphi_i' \varepsilon \nabla \varphi_j] \cdot \mathrm{d}l$$

$$= V \oint_{\Gamma_j} (\varepsilon + \Delta\varepsilon) \nabla \varphi_i' \cdot \mathrm{d}l - V \oint_{\Gamma_i} \varepsilon \nabla \varphi_j \cdot \mathrm{d}l \tag{4-13}$$

$$= -V Q'_{ij} + V Q_{ji}$$

将上式代入式(4-12)得：

$$\int_\Omega \Delta\varepsilon \nabla \varphi_i' \cdot \nabla \varphi_j \mathrm{d}s = -V Q'_{ij} + V Q_{ij} = -V \Delta Q_{ij} \tag{4-14}$$

而 $\Delta\varepsilon$ 在整个 Ω 空间中，只有在 σ 中为常数，其余地方均为 0，可以得到：

$$\int_\sigma \Delta\varepsilon \nabla \varphi_i' \cdot \nabla \varphi_j \mathrm{d}s = \Delta\varepsilon \int_\sigma \nabla \varphi_i' \cdot \nabla \varphi_j \mathrm{d}s = -V \Delta Q_{ij} \tag{4-15}$$

因此：

$$\Delta C_{ij} = \frac{\Delta Q_{ij}}{V} = -\frac{\Delta\varepsilon\int_{\sigma}\nabla\varphi_i' \cdot \nabla\varphi_j \mathrm{d}s}{V^2} \tag{4-16}$$

用泰勒级数展开 $\Delta\varphi_i'$：

$$\nabla\varphi_i' = \nabla\varphi_i(\varepsilon + \Delta\varepsilon) = \nabla\varphi_i + \nabla\{\Delta\varepsilon[d\varphi_i(\varepsilon)]\} + \cdots \tag{4-17}$$

即：

$$\Delta C_{ij} = \frac{\Delta Q_{ij}}{V} = -\frac{\Delta\varepsilon\int_{\sigma}\nabla\varphi_i \cdot \nabla\varphi_j \mathrm{d}s}{V^2} \tag{4-18}$$

式(4-18)给出了介质变化和电容变化的本质关系，忽略高次项，便可以得到在区域 σ 中的敏感分布：

$$S_{ij}(\sigma) = \frac{\Delta C_{ij}}{\Delta\varepsilon} \approx -\frac{\int_{\sigma}\nabla\varphi_i \cdot \nabla\varphi_j \mathrm{d}s}{V^2} \tag{4-19}$$

该区域 σ 可以视为图像的像素点，这样，截面中每个像素点上的敏感分布就可以通过公式计算得到。当成像区域均匀剖分，且单元数足够多时，式(4-19)中的积分可以表示为坐标点函数值乘以区域面积；由于逆问题求解之前灵敏度系数需要归一化处理，因此，在均匀剖分时，区域面积与激励电压构成的系数可用1代替。式(4-19)可进一步简化为：

$$s_{ij}(x_k, y_k) = -\nabla\varphi_i(x_k, y_k) \cdot \nabla\varphi_j(x_k, y_k) \tag{4-20}$$

式中，(x_k, y_k) 为第 k 个单元的中心坐标。

根据灵敏度求解式(4-20)，在 COMSOL 软件平台上连续求解两块不同极板各自加激励在管道内引起的电势变化，然后再将两电场强度各个方向上的分量进行相乘处理，即可得到电容的灵敏度场。图 4-3 所示是 ECT 电容层析成像的电极径向截面结构及一个电极加激励时的电势分布（基于 COMSOL Multiphysics 有限元软件）。其灵敏度场如图 4-4 所示（以电极 1-2~电级 1-7 为例）。

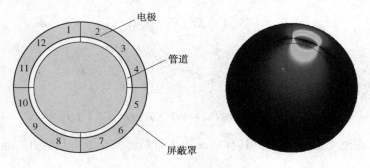

图 4-3　电极结构及电势分布

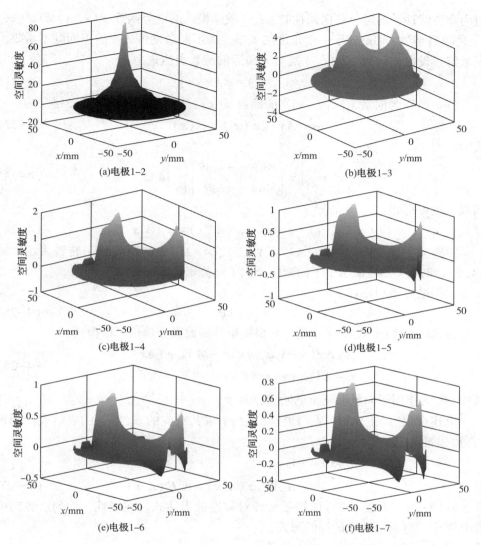

图 4-4　灵敏度场分布

　　虽然基于电势法的灵敏度系数求解法仅要求对电极个数次的有限元(或其他数值方法)求解,但在计算机性能不佳、管道结构较复杂、需要精确建模等情况时,算法的复杂度仍然需要考虑,尤其是对于电极数目较多(相比 12 电极传感器而言)的情况。因此,可以采用利用场量旋转变换的 ECT 灵敏度系数计算方法。

2. 利用场量旋转变换的灵敏度系数求解

　　由于 ECT 传感器的电极为等大小、等间距排布,电压激励相同,因而当管道内介质线性、均匀、各向同性时，i、j 激励模式的电势函数 $\varphi_i(x, y)$ 和 $\varphi_j(x, y)$ 之间只是绕 z 轴旋转了一个角度的关系，即不同激励模式下的正问题不需要重复求解。设电势函数 $\varphi_i(x, y)$ 旋转 θ 角后的函数表达式为：

$$\varphi_j(x', y') = \varphi_i(x, y) \tag{4-21}$$

将 φ 改写为向量 $\boldsymbol{x} = [x \quad y]^{\mathrm{T}}$ 的函数 $\varphi(\boldsymbol{x})$：$R^2 \to R$，则式（4-21）变为：

$$\varphi_j(\boldsymbol{A}\boldsymbol{x}) \triangleq \varphi_j(\boldsymbol{x}') = \varphi_i(\boldsymbol{x}) \tag{4-22}$$

式中：

$$\boldsymbol{x}' \triangleq \begin{bmatrix} x' \\ y' \end{bmatrix} = \begin{bmatrix} \cos\theta & -\sin\theta \\ \sin\theta & \cos\theta \end{bmatrix} \begin{bmatrix} x \\ y \end{bmatrix} \triangleq \boldsymbol{A}\boldsymbol{x} \tag{4-23}$$

同理，也可得到：

$$\varphi_j(x, y) = \varphi_j(\boldsymbol{x}) = \varphi_i(\boldsymbol{A}^{-1}\boldsymbol{x}) = \varphi_i(\boldsymbol{A}^{\mathrm{T}}\boldsymbol{x}) \tag{4-24}$$

矩阵 $\boldsymbol{A}$ 是正交阵，因此，$\boldsymbol{A}^{-1} = \boldsymbol{A}^{\mathrm{T}}$，式（4-24）中的逆阵均用转置表示。式（4-23）和式（4-24）揭示了不同激励模式下电势函数的旋转对称性。

根据电磁场理论：

$$E = -\nabla\varphi \tag{4-25}$$

将式（4-22）带入式（4-25），并根据矩阵函数微分理论可以得到：

$$\begin{aligned} E_j(\boldsymbol{A}\boldsymbol{x}) &= -\nabla_x\varphi_j(\boldsymbol{A}\boldsymbol{x}) = -\boldsymbol{A}\,\nabla_{Ax}\varphi_j(\boldsymbol{A}\boldsymbol{x}) \\ &= -\boldsymbol{A}\,\nabla_x\varphi_i(\boldsymbol{x}) = \boldsymbol{A}E_i(\boldsymbol{x}) \end{aligned} \tag{4-26}$$

式中，∇_x 为作用于向量变量 $\boldsymbol{x}$ 的哈密顿算子。

上述过程为"正推"过程，即已知 $\varphi_i(\boldsymbol{x})$ 求其对应的 $\varphi_j(\boldsymbol{A}\boldsymbol{x})$ 的表达式。同理可得"逆推"表达式：

$$\begin{aligned} E_j(\boldsymbol{x}) &= -\nabla_x\varphi_j(\boldsymbol{x}) \\ &= -\boldsymbol{A}^{\mathrm{T}}\,\nabla_{A^{\mathrm{T}}x}\varphi_i(\boldsymbol{A}^{\mathrm{T}}\boldsymbol{x}) = \boldsymbol{A}^{\mathrm{T}}E_i(\boldsymbol{A}^{\mathrm{T}}\boldsymbol{x}) \end{aligned} \tag{4-27}$$

式（4-26）和式（4-27）即场强旋转对称性的表达式。在线性、均匀、各向同性介质中，电通密度有同样的形式。

将式（4-27）代入式（4-20）得到：

$$\begin{aligned} s_{ij}(x_k, y_k) &= -\nabla\varphi_i(\boldsymbol{x}_k) \cdot \nabla\varphi_j(\boldsymbol{x}_k) \\ &= -\nabla\varphi_i(\boldsymbol{x}_k) \cdot \left[\nabla_{A^{\mathrm{T}}x_k}\varphi_i(\boldsymbol{A}^{\mathrm{T}}\boldsymbol{x}_k)\right] \\ &= -E_i(\boldsymbol{x}_k) \cdot \left[\boldsymbol{A}^{\mathrm{T}}E_i(\boldsymbol{A}^{\mathrm{T}}\boldsymbol{x}_k)\right] \end{aligned} \tag{4-28}$$

至此，得到了旋转变换法的二维 ECT 灵敏度系数表达式。

利用商数值模拟软件很容易得到式（4-28）中的 φ 与 φ 的一阶偏导（场强）值。以 Comsol Multiphysics 软件为例，在使用该软件的"静电"接口进行有限元计算时，电势分布与电场强度各方向分量为默认求解变量，无需用户再进行数据后处理。

3. 逆问题剖分算法

图像重构时，根据式（4-23），若敏感区域采用直角坐标进行剖分，旋转后的坐标可能会落在计算点之外，即式（4-28）中的 $\varphi_i(\boldsymbol{A}^{\mathrm{T}}\boldsymbol{x}_k)$ 可能不存在于 φ_i 的函数值列表中，此时，需要进行二元函数差值运算，这将带来不便。

针对上述问题，可采用均匀极坐标剖分的敏感区域逆问题剖分规则。极坐标剖分时，在圆周 $r=r_k$ 上取格点并定为单元中心，每圈的点数随圆周半径的增加而变化。该规则能确保在按照式（4-28）计算灵敏度系数时，旋转后的函数值仍位于原函数值列表中。该规则描述如下：

对位于第 k 圈的任一单元和该单元中的唯一格点 (r_k, θ)，满足：

规则①：所有单元面积都为 $ds = A_{\mathrm{RoI}}/n_{\mathrm{p}}$，$n_{\mathrm{p}}$ 为逆问题剖分预定单元数；每圈格点等角分布。

规则②：原点处（第 0 圈）单元半径 $R_0 = \sqrt{ds/\pi}$。

规则③：$k > 0$ 圈上的点数 n_k 满足 n_k/N 为非负整数，N 为传感器电极数。

规则④：每圈直径 R_{k+1} 可根据递推规则计算：$\pi(R_{k+1}^2 - R_k^2) = n_{k+1}ds$。

规则⑤：每圈直径 R_k 和单元弧长 $arc_k = 2\pi R_k/n_k$ 与第一圈单元的上述指标的误差在一个阈值 th_{g} 内：$(R_k - R_1)/R_1 \leqslant th_{\mathrm{g}}$，$(arc_k - arc_1)/arc_1 \leqslant th_{\mathrm{g}}$。

规则⑥：最终单元剖分数 n 与 n_{p} 的差在一个阈值内：$(n_{\mathrm{p}} - n)/n_{\mathrm{p}} \leqslant th_{\mathrm{u}}$，且最后一圈半径 $R_n \leqslant R_{\mathrm{RoI}}$。

满足上述规则①～⑥的算法的流程图如图 4-5 所示。

这里以直径 50mm、壁厚 5mm 的石英玻璃管道为例。预设剖分单元数为 3204，并设置 $th_{\mathrm{g}} = 0.5$，$th_{\mathrm{u}} = 0.05$，则利用图 4-5 所示算法可将成像区域剖分为面积相等的 3180 个曲边四边形

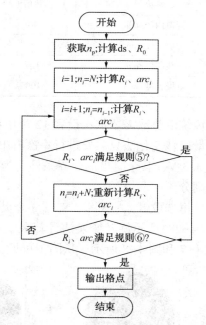

图 4-5　逆问题均匀极坐标剖分算法流程图

单元和 1 个位于圆心的圆形单元（图 4-6）。当设置该阈值时，能保证最终剖分单元数与预期剖分单元数的偏差在 5% 以内（此处为 0.75%），每个单元弧长与 arc_1 最大差距在 50% 以内（此处为 7.99%）。可见，该算法能保证逆问题单元剖分的均匀性。

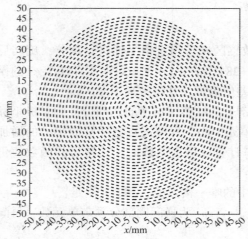

图 4-6　成像单元极坐标格点

将图 4-6 所示的格点坐标按列排布，输入 Comsol 软件即可导出这些格点上的电势、电场强度。

4. 灵敏度系数求解结果对比

为了验证场量旋转变换法的有效性，将该方法与传统电势法的灵敏度计算结果进行对比。在 Comsol Multiphysics 软件平台上建立如图 4-3 所示的 12 电极 ECT 传感器模型。管道材料设为石英玻璃，传感器模型的几何参数与材料参数、材料参数设置如表 4-1 所示。

表 4-1　传感器模型参数

参数	数值	参数	数值
管道内径/mm	90	电极张角/(°)	26
管道壁厚/mm	5	电极间隔角/(°)	4
屏蔽层厚/mm	3.5	管壁及屏蔽层相对介电常数	4.2
电极长度/mm	100		

传统电势法需要依次设置 12 个电极为激励电极，即进行 12 次有限元计算，而场量旋转变化法只需要进行一次有限元计算。仿真过程中，激励电极的边界条件为 3.3 V，其余电极的边界条件均为接地（即零电势），并且采用三角形自适应网格剖分。

这里选取 $S_{1,2}$、$S_{1,7}$、$S_{1,10}$ 3 个灵敏度作为对象进行对比。采用场量提取法和式（4-28）所示旋转变换法计算灵敏度系数时，上述 3 个灵敏度计算结果分别如图 4-7 和图 4-8 所示。从图中可见，两种方法的灵敏度计算结果相似。

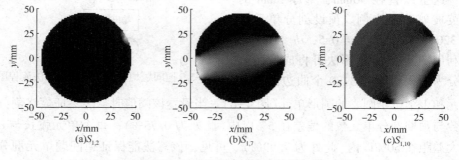

(a)$S_{1,2}$　　　　(b)$S_{1,7}$　　　　(c)$S_{1,10}$

图 4-7　场量提取法灵敏度计算结果

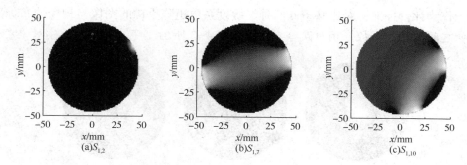

图 4-8　旋转变换法灵敏度计算结果

对比上述两种方法计算的灵敏度均方误差，其结果如表 4-2 所示。可见，旋转变换法与场量提取法之间高度吻合。

表 4-2　旋转变换法与场量提取法所得灵敏度均方误差

$S_{1,2}$均方误差	$S_{1,7}$均方误差	$S_{1,10}$均方误差
0.0132	0.0206	0.0053

此后，采用 12 电极 ECT 传感器进行实测图像重构实验。实验时，将直径不同的 PMMA 有机玻璃棒摆放在管道内不同位置或在管道内注水来模拟不同流型时管道内物场分布。分别设置物场分布为：中心放置一根粗介质棒（核心流，直径为 20mm）、偏心介质棒（偏心流，直径为 20mm）、三根介质棒（每根直径为16mm）。这 3 种情况代表 3 种流型进行实验。上述 3 种物场分布的二值灰度图像如图 4-9 所示。

(a)核心流　　　　　　　(b)偏心流　　　　　　　(c)三介质棒

图 4-9　物场分布设置

采取 OIOR-Landweber（Offline Iteration Online Reconstruction Landweber）法对测得的电容值进行图像重构，用两种方法计算的灵敏度系数矩阵的图像重构如图 4-10 所示。

规定图 4-10 所示物场分布图中介质存在区域灰度为 1，其余区域灰度为被对比重构图像中非零的最小元素，采用较常用的图像相关性系数与相对误差两项指标作为评价标准，对比基于此两种灵敏度系数矩阵重构的图像与物场分布标准图像之间的相关系数、相对误差，结果如表4-3所示。

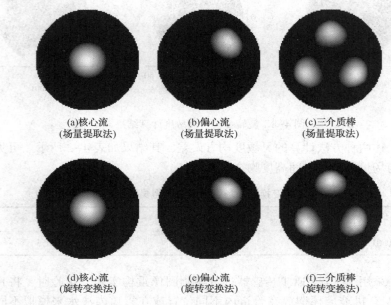

图 4-10　重构图像

表 4-3　图像重构情况对比

	核心流		偏心流		三介质棒	
	旋转变换法	场量提取法	旋转变换法	场量提取法	旋转变换法	场量提取法
相关系数	0.676	0.681	0.750	0.753	0.759	0.791
相对误差/%	15.4	15.3	15.7	15.7	15.1	14.9

可见，基于上述两种灵敏度系数矩阵的图像重构结果吻合度高。该实验从实际上证明了前述理论分析的正确性，在实际应用中可以用旋转变换法代替传统灵敏度计算方法。

第4节　电容层析成像重构算法

ECT 归一化线性模型可以表示为：

$$c = Sg \tag{4-29}$$

式中，$c \in R^m$ 为归一化电容向量；$S \in R^{mn}$ 为灵敏度矩阵；$g \in R^n$ 为归一化介质分布灰度向量；m 为独立板极电容值个数；n 为场域剖分单元个数。

ECT 系统的逆问题就是指已知电容值向量 c 和灵敏度矩阵 S ，通过重构算法得到图像灰度向量 g ，并完成图像重构。

图像重构作为 ECT 的核心技术，有以下几个难点：

（1）不适定性。场域边界信息个数（电容值）远远小于求解的未知量个数（像素），解不唯一，只有通过广义逆理论求得近似解。同时，这一特性还会带来近似解的不稳定，即微小的测量值扰动，也会带来近似解与真实解的严重偏离。

（2）病态性。由于传感器的结构特性，测量区域敏感场不均匀，电容测量值对场域中心部位介质变化不敏感。

（3）非线性。不同于其他射线成像技术，ECT 系统具有软场特性，即电场线穿过介质时，会发生弯曲。此性质决定了场域内的电位是介质分布的函数，因此，通过电位测量值求解介质分布是一个非线性问题。

虽然 ECT 系统存在上述问题，导致其成像精度不如其他射线技术，但其便携、廉价、安全等性质，还是为其赢得了良好的发展前景。而如何降低上述问题带来的影响，也是广大科研工作者研究的目标。

1. 经典电容层析成像图像重构算法

作为电容层析成像中的重要环节，图像重构算法的好坏，直接影响重构精度及重构时间（即整个系统的性能），因此，图像重构得到了广大学者的重视。在医学计算机断层技术（Computer Tomography，CT）的影响下，ECT 系统在基于电磁敏感的原理上，衍生出了多种重构算法。图像重构算法按照求解过程是否需要迭代可主要分为非迭代重构算法与迭代重构算法两大类。

1）非迭代重构算法

非迭代算法也叫一步重建算法，该类算法包括线性反投影算法（Linear Back Projection，LBP）、奇异值分解法（Singular Value Decomposition，SVD）、Tikhonov 正则化法等。

（1）反投影算法。

反投影算法为图像重构算法中最经典的算法，该算法最早是由英国的 Barber 和 Brown 在 1983 年提出和验证的，是一种基于等位线反射投影的定性图像重建算法，其原理上是一个不完全的逆 Radon 变换过程（完全的 Radon 变换过程包括微分、希尔伯特变换、反投影和归一化等运算）。线性反投影算法建立在硬场假设的基础上，即假设电导率的变化很小时，敏感场分布变化也不大，然后按照硬场的特性，沿着投影域把测量结果反投影回去。该算法在实际应用中是用灵敏度矩阵的转置矩阵 A^{T} 来替代逆矩阵 A^{-1} 进行求解。它具有成像速度快、鲁棒性好等特性，但是，该算法经常会把不同介电常数的尖锐信息变平滑，因此分辨率较低，容易造成严重的成像缺陷。为了降低这一模糊效应，经常用一些滤波方法、增加迭代来缓解，但是改进效果不明显。

简单的反投影算法过程为：首先，对场域进行剖分，将图像数值化；然后，生成投影覆盖矩阵，确定反投影等位线的位置和各剖分单元对应的等位线区域；最后，利用反投影算法实现反投影成像。

迭代反投影算法过程为：首先，进行一次简单反投影；然后，将投影后的灰度分布作为中间数据，修正电导率分布，并根据修正后的电导率分布重新计算敏感场内的点位分布，确定反投影域；接着，依据上一步确定的投影域，利用测量电压重新进行反投影；重复前两步骤，直至边界测量电压与计算值的误差小于某一定值，或者在迭代一定次数后，停止迭代。

（2）改进灵敏度系数法。

为获得质量更好的图像，人们在灵敏度系数法的基础上进行改进，Tikhonov正则化就是一个具有代表性的重构算法。

Tikhonov正则化算法是基于变分原理提出的，该算法通过引入解的先验信息对问题的可行域施加一定的约束条件，可将原有的不稳定问题转化为稳定问题，是对优化目标函数 $f(x) = \dfrac{1}{2}(\parallel Ax - y \parallel^2 + \lambda \parallel x \parallel^2)$ 进行求解的结果。由于目标函数中的正则化项对解向量施加了2范数约束，使该算法相比于只有误差项时的求解算法可以得到更稳定的解，因此，该算法在病态逆问题的求解中得到快速发展。其中，λ 是正则化参数，该参数的选择对重建效果有很大影响，因此，选择合适的正则化参数在实际工程应用十分重要。

（3）截断奇异值分解算法。

ET逆问题的求解具有不适定性，为了得到有效的逆问题的解，通常需要增加一些先验知识和附加约束条件，即将定义域（F）和值域（U）加以限制，以希望其适应另外的空间偶（F'，U'）。从而使不适定性问题转化为适定性问题，进而获取稳定的近似解。通常，人们把求解逆问题的稳定近似解的过程称为正则化，即用一簇与原问题相邻近的由先验信息约束的适定问题的解去逼近原问题的真解。Tikhonov和Philips于20世纪60年代提出了正则化的思想和相关方法。

线性化方程 $Sg = z$ 中，$S \in R^{mn}$，$\text{rank}(S) = n$，且 S 一般情况下是奇异的。对原方程进行改造，使 $S^T Sg = S^T z$，以满秩矩阵 $S^T S + \lambda I$ 代替整定矩阵 $S^T S$，即引入一个良态，将原问题转化为一个适定方程求解问题。实际上就是将原问题进行Tikhonov标准化：$(S^T Sg + \lambda I)g = S^T z$。Tikhonov正则化解的实质是在最小二乘的基础上加上滤波因子 $[f_i = \alpha_i^2 / (\alpha_i^2 + \lambda) < 1]$ 滤除高频部分噪声造成的影响，从而达到正则化的目的。基于该方法，可以将截断奇异值方法（Truncated Singular Value Decomposition，TSVD）用于改造算子矩阵 S，将原方程 $Sg = z$ 转化为一个良态问题求解。

2）迭代重构算法

针对非迭代算法重构图像质量普遍较差的问题，迭代重构算法得到了越来越广泛的应用。目前，常用的迭代重构算法多是基于灵敏度理论的方法，即对逆问题进行局部线性化后进行求解。比较经典的迭代算法［如联立迭代重建算法(Simultaneous Iterative Reconstruction Technique，SIRT)，牛顿-拉弗森(Newton-Raphson，NR)算法，Landweber 算法等］都是基于灵敏度系数矩阵的迭代算法。

（1）联立迭代重构算法。

联立迭代重构算法(simultaneous iterative reconstructive technique，SIRT)的原理是采用数值计算中的雅克比迭代法来求解。雅克比迭代法采用的是并行迭代，即仅当所有的投影数据计算完以后，才对图像进行更新，每次迭代的同时利用所有对某像素有贡献的投影来实现该像素灰度的一次修正，该修正量一般取所有投影方程修正量的平均值。其迭代公式为：

$$g_{k+1} = g_k - \alpha_k S^T \frac{Sg_k - C}{\text{diag}(SS^T)} \tag{4-30}$$

式中，α_k 为松弛因子；$\text{diag}(SS^T)$ 是矩阵 SS^T 的对角元素矩阵。

该算法计算简单、抗噪性较强，但是由于收敛速度很慢，因此在实际图像重构中应用不多。

（2）牛顿-拉弗森算法。

牛顿-拉弗森(Newton-Raphson，NR)算法是无约束极小化的迭代求解方法，最初用来解非线性函数的根。由泰勒公式可知，一个函数在某点附近的形态和二次函数很接近，因此，如果一个算法对二次函数有效，那么它对一般函数也同样有效。因而为了建立有效算法，往往采用二次模型。NR 算法的基本思想是使用二次函数近似代替目标函数，求出该二次函数的极小点，以它作为目标函数极小点的近似值。

对于 ET 的图像重建算法可知，测量数据向量 z 和图像灰度向量 g 间存在非线性关系：

$$z = F(g) \tag{4-31}$$

考虑以测量值和计算值的误差范数平方作为目标函数，即目标函数为：

$$f(g) = \frac{1}{2} \| F(g) - z \|_2 = \frac{1}{2} [F(g) - z]^T [F(g) - z] \tag{4-32}$$

针对 NR 算法的局部收敛性，在每次迭代前，先以 p_k 为搜索方向对 $f(g)$ 进行一维最小化搜索，选取满足一维搜索的步长 α_k，令：

$$g_{k+1} = g_k + \alpha_k p_k = g_k - \alpha_k H_k^{-1} \nabla f(g_k) \tag{4-33}$$

式中，p_k 为第 k 次迭代方向；$H_k = S_k^T S_k$。

这种方法称为阻尼牛顿法，可以保证每次迭代的函数值不会增加，避免了牛顿法不收敛或收敛至极大点的情况。该算法的优点是收敛性较好，但是运算量大，且函数一阶导数不易求出。

（3）Landweber 算法。

Landweber 算法的基本原理与最速下降法类似，是将目标函数的一阶导作为迭代项来实现误差减小。该算法具有计算过程简单、速度快的特点，作为最简单的迭代算法之一，Landweber 算法受到广泛关注，但是有时为了获取较好的重建精度，该算法往往需要很多次迭代，计算收敛速度较慢，实时性方面有一定限制，且存在半收敛现象。

总的来说，非迭代重构算法计算速度快，但重构精度较差；迭代重构算法计算速度较慢，但是重构精度较高。因此，在实际应用中需要根据具体需求选择合适的算法。下文中将重点分析两种图像重构算法原理及其重构过程。

2. 一种改进的离线迭代在线重构算法

离线迭代在线重构算法（Offline Iteration Online Reconstruction，OIOR）是代数重建算法中的一种。不同于传统的代数重建算法，其迭代过程是离线进行的，因而在得到电容数据以后，可以更快地得到较高精度的重构图像。这里所提出的改进型算法是在原有的离线迭代过程加入了软阈值，并在在线重构单元中加入迭代滤波，进而提高重构精度及速度。

1）离线迭代在线重构算法

对于 ECT 重构算法的研究致力于寻找一种既能满足实时性又具有高精度的重构算法。作为常用的图像重构算法，相比于非迭代类算法，迭代类算法成像精度虽较高，但随着迭代次数的增加，耗时也相应增加。OIOR 的原理是离线实现 Landweber 算法的迭代过程，获取一个相应的系数矩阵，然后使用类似于 LBP 算法的方式实现直接在线成像。理论上，该算法将拥有 Landweber 算法的精度以及 LBP 算法的重构速度，但是，在迭代过程中，忽略了电容测量值对离线迭代得到的系数矩阵的影响，因此，其精度相比于传统的 Landweber 迭代算法有一定降低。

Landweber 的迭代公式如下：

$$g_{k+1} = g_k + \alpha_k S^T(c - Sg_k) \tag{4-34}$$

上式还可以改写为：

$$g_{k+1} = g_k - \alpha_k S^T S g_k + \alpha_k S^T c$$
$$= (I - \alpha_k S^T S)g_k + \alpha_k S^T c, \quad k = 0, 1, 2, 3, \cdots \tag{4-35}$$

式中，g 为场域内图像灰度向量；S 为敏感场矩阵；c 为板极间电容向量；α 为迭代步长。

此时，令 $I - \alpha_k S^T S = A_k$，$\alpha_k S^T = B_k$，则有：

$$g_{k+1} = A_k g_k + B_k c, \quad k = 0, 1, 2, 3, \cdots \tag{4-36}$$

则通过数学归纳法有：

$$D_{k+1} = A_k D_k + B_k = (I - \alpha_k S^T S) D_k + \alpha_k S^T, \quad k = 0, 1, 2, 3, \cdots \tag{4-37}$$

$$g_k = D_k c \tag{4-38}$$

且令矩阵 D 的初始值为：

$$D_0 = S^T \tag{4-39}$$

通过式（4-37）和式（4-38），迭代过程与成像过程被分离，这样就实现了离线迭代与在线重构。该算法的实质是对敏感场进行了离线修正。通过观察可以发现，在线图像重构过程与 LBP 算法有着相同的数学形式，即其与 LBP 算法有着相同的计算速度；离线迭代部分与 Landweber 算法有着相似的迭代过程，即其重构图像的精度与 Landweber 算法重构图像的精度类似，由于矩阵 D_k 的迭代过程是离线完成的，因此，迭代次数对实时性的影响可以忽略。

迭代步长 α 的选择对于图像重构离线迭代过程的收敛性有着重要影响，其决定了重构的精度及速度，合适的步长可以加速收敛，减少计算时间。在以往的实际操作中，α 通常根据经验选择一个固定的值，其范围是：

$$0 < \alpha < 2 \| S^T S \|_2^{-1} \tag{4-40}$$

但是，这样容易出现迭代的半收敛现象：在一定的迭代次数后，图像的精度不随迭代次数的增多而提高，反而产生明显的扭曲。为了缓解该难点，Liu 等提出一种计算最佳步长的方法，原理是使每一次误差向量 $c - Sg_k$ 为最小的步长系数。通过使误差向量二范数的一阶导数为 0，可得：

$$\alpha_{k+1} = \frac{\| S^T e_k \|_2^2}{\| S S^T e_k \|_2^2} \tag{4-41}$$

其中，e_k 为第 k 次迭代测量电容值与计算电容值之间的误差，其计算公式为：

$$e_k = c - Sg_k, \quad k = 0, 1, 2, 3, \cdots \tag{4-42}$$

计算误差向量 e_k 的过程中包含被测电容向量 c，然而，当通过充足的迭代后，不同的电容向量 c 会产生一个几乎相同的 D_k，即电容向量仅影响收敛时间。上述选择性步长方法可以减少半收敛现象对图像重构精度带来的影响，将会有无限制的迭代次数来构建一个更精确矩阵的 D_k。但是，充足迭代有时耗时过长，该步长选择方法原理类似于梯度下降法，因此，靠近极小值时收敛速度会变得很慢，甚至会出错，进而影响迭代耗时及精度。针对这一问题，考虑在迭代过程中引入软阈值方法，从而缩短迭代过程耗时，提高精度；并在在线重构单元加入迭代滤波，在一定程度上进一步提高成像精度。

2) 基于自适应软阈值迭代及迭代滤波的改进迭代在线重构算法

式(4-37)可以改写为：

$$\boldsymbol{D}_{k+1} = \boldsymbol{D}_k + \alpha_k \boldsymbol{S}^{\mathrm{T}}(\boldsymbol{I} - \boldsymbol{S}\boldsymbol{D}_k), \; k = 0, \; 1, \; 2, \; 3, \; \cdots \tag{4-43}$$

利用拉格朗日乘子法，基于 1 范数的离线迭代问题可以描述为：

$$\min(\; \| \boldsymbol{I} - \boldsymbol{S}\boldsymbol{D} \|_2^2 + 2\omega \; \| \boldsymbol{D} \|_1) \tag{4-44}$$

式中，ω 为正则化参数。

针对式(4-44)，软阈值迭代算法可以表示为：

$$\boldsymbol{D}_{k+1} = P_\omega [\boldsymbol{D}_k + \alpha_k \boldsymbol{S}^{\mathrm{T}}(\boldsymbol{I} - \boldsymbol{S}\boldsymbol{D}_k)] \tag{4-45}$$

$$P_\omega(u) = \begin{cases} u - \omega, \; u \geqslant \omega \\ 0, \; |u| \leqslant \omega \\ u + \omega, \; u \leqslant -\omega \end{cases} \tag{4-46}$$

如何确定参数 ω 是一个关键问题。理论上，ω 满足式(4-44)，但是这样计算比较耗时。可以采用自适应方法来确定该参数。其基本原理是基于如果该阈值的选择可以逼近多次迭代的结果，那么该迭代问题可以更快地达到精确解，即：

$$\boldsymbol{D}_{k+l} \approx P_\omega [\boldsymbol{D}_k + \alpha_k \boldsymbol{S}^{\mathrm{T}}(\boldsymbol{I} - \boldsymbol{S}\boldsymbol{D}_k)], \; l \geqslant 2 \tag{4-47}$$

基于迭代原理，可以得到：

$$\boldsymbol{D}_{k+l} = \boldsymbol{D}_k + \boldsymbol{E}\boldsymbol{S}^{\mathrm{T}}(\boldsymbol{I} - \boldsymbol{S}\boldsymbol{D}_k) \tag{4-48}$$

式中，$\boldsymbol{E} = \alpha[\boldsymbol{I} + (\boldsymbol{I} - \alpha \boldsymbol{S}^{\mathrm{T}}\boldsymbol{S}) + \cdots + (\boldsymbol{I} - \alpha\boldsymbol{S}^{\mathrm{T}}\boldsymbol{S})^{l-1}]$，$\boldsymbol{E}$ 和 $\boldsymbol{I}$ 都是 $n \times n$ 的矩阵。

设定 $u = [\boldsymbol{D}_k + \alpha_k \boldsymbol{S}^{\mathrm{T}}(\boldsymbol{I} - \boldsymbol{S}\boldsymbol{D}_k)]_{i, j}$，可以得到：

$$(\boldsymbol{D}_{k+l})_{i, j} = \begin{cases} u - \omega, \; u - \omega \geqslant 0 \\ 0, \; |u| \leqslant \omega \\ u + \omega, \; u + \omega \leqslant 0 \end{cases} \tag{4-49}$$

将式(4-47)和式(4-48)带入式(4-45)可以得到：

$$\begin{cases} [(\boldsymbol{E} - \alpha\boldsymbol{I})\boldsymbol{S}^{\mathrm{T}}(\boldsymbol{I} - \boldsymbol{S}\boldsymbol{D}_k)]_{i, j} = -\tau \mathrm{sign}[(\boldsymbol{D}_{k+l})_i], \; (\boldsymbol{D}_{k+l})_{i, j} \neq 0 \\ |[(\boldsymbol{E} - \alpha\boldsymbol{I})\boldsymbol{S}^{\mathrm{T}}(\boldsymbol{I} - \boldsymbol{S}\boldsymbol{D}_k)]_{i, j}| \leqslant \tau, \; (\boldsymbol{D}_{k+l})_{i, j} = 0 \end{cases} \tag{4-50}$$

然后，可以得到，

$$\omega \geqslant \| (\boldsymbol{E} - \alpha\boldsymbol{I})\boldsymbol{S}^{\mathrm{T}}(\boldsymbol{I} - \boldsymbol{S}\boldsymbol{D}_k) \|_2 / n^{0.5} \tag{4-51}$$

这样，ω 就可以由式(4-51)得到，不同的 l 会得到一系列不同的 ω。l 可以通过实验进行取值，通常选 2、4、6。

为了进一步减少成像残影的影响并得到一个精度更高的重构图，在线重构环节可加入滤波环节：

$$\boldsymbol{g}_{k+1} = P[\boldsymbol{g}_k - \beta\boldsymbol{D}_n(\boldsymbol{S}\boldsymbol{g}_k - \boldsymbol{c})] \tag{4-52}$$

并且有：

$$P[f(x)] = \begin{cases} 0, \; f(x) < 0 \\ f(x), \; 0 \leqslant f(x) \leqslant 1 \\ 1, \; f(x) > 1 \end{cases} \tag{4-53}$$

D_n 由式(4-45)离线迭代而成；β 为松弛因子，其取值范围为：

$$0 < \beta < \frac{2}{\parallel D_n S \parallel_2} \tag{4-54}$$

迭代滤波过程的计算量远远低于迭代算法的计算量，并且其迭代时间较短。经过较少次迭代，较高精度图像即可被重构。

基于改进型的离线迭代在线重构 I-OIOR 算法的实现步骤如下：

(1) 根据 l 的选择，计算矩阵 E；

(2) D 的初始值 $D_0 = S^T$；

(3) 通过公式计算参数 ω；

(4) 通过公式更新 D；

(5) 增加 k，重复步骤(3)(4)(5)；

(6) 当 $\parallel I - SD_k \parallel$ 足够小时，停止迭代；

(7) 把 D 带入在线重构过程，得到 g；

(8) 对 g 进行迭代滤波，满足条件后停止，并输出图像。

在离线迭代过程中加入软阈值函数(也叫加入正则化参数)，当正则化参数为 0 时，转化为 Landweber 迭代算法。理论上，在一定范围内，随着迭代步数的增加，图像质量也随之提升。

3) I-OIOR 重构算法仿真验证

在 Comsol 有限元软件平台上建立不同原始模型，并获取仿真实验数据，数据处理及重构算法实验在 Matlab 工具上进行。为了验证这里提出的 I-OIOR 算法的效果，将 LBP 及 OIOR 算法作为对照。改进型 OIOR 算法中的 l 取 6，迭代滤波环节中松弛因子取 0.4，迭代次数选择为 10 次。3 种算法下的重构图像如图 4-11 所示。

从图 4-11 中可以看出，3 种重构算法都可以实现目标的重构图像，总体而言，两个 OIOR 算法的重构精度高于 LBP 重构精度，改进型 OIOR 算法相比 OIOR 算法重构精度稍高，由于改进算法加入了软阈值及滤波迭代过程，使得重构图像的伪影较少，更接近原始图像。为了进一步分析 3 种算法的重构性能，分别计算了它们的重构相关系数及重构时间，其结果如图 4-12 及表 4-4 所示。

图 4-12 中相关系数可表示为：

$$r = \frac{\sum_{j=1}^{l} (g'_j - \overline{g}'_j)(g_j - \overline{g})}{\sqrt{\sum_{j=1}^{l} (g'_j - \overline{g}'_j)^2 \sum_{j=1}^{l} (g_j - \overline{g}_j)^2}} \times 100\% \tag{4-55}$$

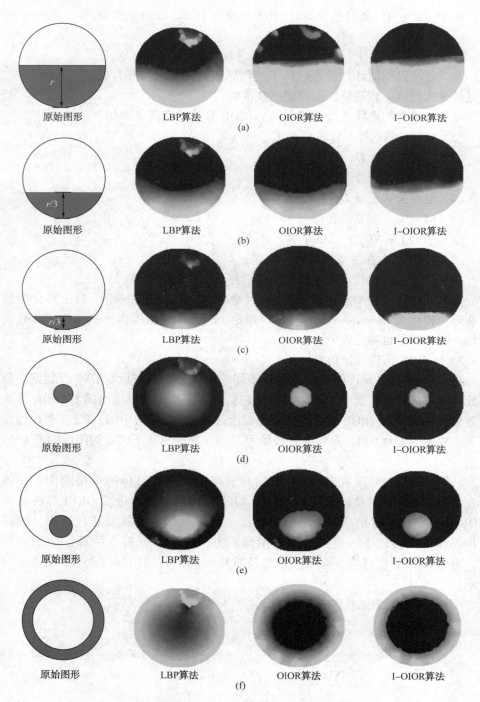

图 4-11　改进型 OIOR 算法与其相关算法的重构图像

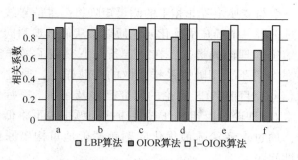

图4-12　3种算法下的相关系数柱状图

通过图4-12相关系数柱状图可以得出，I-OIOR算法的相关系数最高，平均可达94.8%，其次是OIOR算法，其相关系数为91.5%；LBP算法得到的重构图像的相关系数最低，只有83%。在层流情况下，3种算法得到的相关系数相差较小；在偏心流及环流情况下，3种算法得到的重构图像的相关系数相差较大。

表4-4　3种算法的重构时间

流型	LBP 算法	OIOR 算法		改进型 OIOR 算法	
	重构时间/s	迭代时间/s	重构时间/s	迭代时间/s	重构时间/s
a	0.080	1.434	0.084	1.030	0.090
b	0.082	1.393	0.082	1.040	0.084
c	0.081	1.378	0.079	1.001	0.081
d	0.080	1.403	0.081	1.173	0.079
e	0.079	1.405	0.082	1.089	0.084
f	0.082	1.398	0.078	1.202	0.080

通过表4-4中可知，LBP重构算法属于非迭代算法，只有重构时间，因此，总体耗时很短；对于另外两种算法，重构耗时包括迭代时间和重构时间两部分，其中，重构时间都属于单步成像，与LBP算法耗时相差很小（不足0.005s）。由于改进型OIOR算法中加入了软阈值迭代，其迭代耗时较OIOR算法有一定减少；此外，改进型OIOR算法加入了迭代滤波过程，在重构耗时部分有些许增加，平均增加0.003s。不过，就总体耗时而言，改进型OIOR算法比OIOR算法的总体耗时更短。结合图4-12及表4-5的分析，基于以上3种重构算法，改进型OIOR算法具有明显的性能优势。

3. 基于压缩感知的图像重构算法

压缩感知理论（Compressed Sensing，CS）由Donoho于2006年基于稀疏分解及逼近论提出，其主要内容可以表述为：若一个信号是可压缩的，或在某个变换域内稀疏，则可用一个与变换矩阵非相干的测量矩阵将高维信号线性投影为低维观测向量，然后通过求解一个稀疏最优化问题便能够从低维观测向量中精确地重构出原始信号。压缩感知理论的提出，在一定条件下突破了采样定律，在远小于Nyquist采样频率的条件下，用随机采样获取的离散样本，通过非线性重建算法便可以恢复出原信号。目前，CS理论的研究已涉及军事、医疗、工业、社会生活等诸多领域。将CS理论运用到ECT图像重构问题中，可将低维观测向量转换为低维稀疏向量，通过求解稀疏最优化问题较精确地重构出原信号，从而解决ECT系统的欠定性问题。

1）压缩感知基本理论

（1）信号的稀疏化处理。

如果N维信号$x \in R$最多只有k个分量不为零，即$\|x\|_0 \leq k$，则认为该信号是k稀疏的；或者存在一个稀疏域$\boldsymbol{\Psi}$，x可经其转换得到一个稀疏信号，则$x = \boldsymbol{\Psi}z$（其中$\|z\|_0 \leq k$）。设$\{\boldsymbol{\Psi}_1, \boldsymbol{\Psi}_2, \cdots, \boldsymbol{\Psi}_N\}$为$R^N$的一组正交基向量，则$R^N$空间中的任何一个$N \times 1$的离散信号$x$都可以线性地表示为：

$$x = \sum_{i=1}^{N} \boldsymbol{\Psi}_i z_i = \boldsymbol{\Psi}z \tag{4-56}$$

式中，$\boldsymbol{\Psi} = \{\boldsymbol{\Psi}_1, \boldsymbol{\Psi}_2, \cdots, \boldsymbol{\Psi}_N\}$为$N \times N$的稀疏基矩阵；$z$为$x$在$\boldsymbol{\Psi}$域中的$N \times 1$维稀疏化表示向量；若$z$中只有少部分元素取值很大，则可以丢弃取值较小的元素，只需要少量取值大的元素就可以较好地逼近信号x，此时，称x在$\boldsymbol{\Psi}$域中是可压缩的。

（2）信号的压缩采样。

假设$\boldsymbol{\Phi}$为$M \times N$维（$M \ll N$）的观测矩阵，则使用$\boldsymbol{\Phi}$对$M \times 1$的高维信号x进行采样，可以得到：

$$y = \boldsymbol{\Phi}x = \boldsymbol{\Phi}\boldsymbol{\Psi}z \tag{4-57}$$

式中，y为$M \times 1$的低维观测向量。

令$A = \boldsymbol{\Phi}\boldsymbol{\Psi}$作为传感矩阵，则式（4-57）可写为：

$$y = Az \tag{4-58}$$

高维信号的求解过程就是由$M \times 1$维观测向量y先从式（4-58）中求出$N \times 1$维的稀疏向量z，再根据式（4-56）线性求解$N \times 1$维原始信号x的过程。当$M < N$时，这是一个欠定问题。

Candes指出，当观测矩阵$\boldsymbol{\Phi}$与稀疏基$\boldsymbol{\Psi}$不相关，传感矩阵A满足等距约束条件（Restricted Isometry Property，RIP）时，可求解欠定方程式（4-58）。

传感矩阵A的等距约束条件可表示为：

$$(1 - \delta_k)\|z\|_2^2 \leq \|Az\|_2^2 \leq (1 + \delta_k)\|z\|_2^2 \tag{4-59}$$

式中，δ_k为使上式成立的最小值，称为传感矩阵的等距约束常数。

选择高斯随机矩阵作为观测矩阵$\boldsymbol{\Phi}$可以满足其与稀疏基$\boldsymbol{\Psi}$的不相关性，从

而使传感矩阵 A 满足 RIP。

（3）最优化问题求解。

最优化问题求解是压缩感知理论的最后一个阶段。当 x 在 Ψ 域中 k 稀疏，且当传感矩阵 A 的 $2k$ 阶等距约束常数 $\delta_{2k} < 1$ 时，式 $y = Az$ 可转化为 L_0 范数约束最优化求解问题：

$$\begin{cases} z_{opt} = \arg\min_{z \in R^N} \| z \|_0 & s.\ t.\ Az = y \\ x_{opt} = \Psi z_{opt} \end{cases} \tag{4-60}$$

由式（4-60）求解出稀疏向量 z 的唯一精确解是最直接的方法，但由于 L_0 范数具有高度非凸性，为 NP-hard 问题，因此，需要组合搜索，无法求出数值解。因而需要寻求其他的替代模型及其相应的重建算法来求解唯一精确的稀疏系数向量 z。

松弛方法是基于 L_1 范数最小化的思想。当传感矩阵 A 满足 RIP 条件，求解凸松弛的 L_1 范数最小化与求解非凸的 L_0 范数最小化问题是等价的，从而把式（4-60）转化为 L_1 范数约束最优化求解问题，即：

$$\begin{cases} z_{opt} = \arg\min_{z \in R^N} \| z \|_1 & s.\ t.\ Az = y \\ x_{opt} = \Psi z_{opt} \end{cases} \tag{4-61}$$

目前常用的凸优化问题的求解算法有内点法、梯度投影（Gradient Projection for Sparse Reconstruction，GPSR）算法及不动点连续（Fixed Point Continuation，FPC）算法。FPC 算法作为一种新的基于算子分裂和连续的迭代算法，计算复杂度低，收敛速度快，能够解决大规模问题。本小节选用 FPC 算法进行凸优化问题的求解。

不动点连续算法主要解决 L_1 范数问题。通过引入正则化参数 μ 来去约束化，得到如下所示的去约束凸优化问题：

$$\begin{cases} z_{opt} = \arg\min_{z \in R^N} \| z \|_1 + \dfrac{\mu}{2} \| Az - y \|_2^2 \\ x_{opt} = \Psi z_{opt} \end{cases} \tag{4-62}$$

令 $g(z) = \| z \|_1$，$f(z) = \dfrac{1}{2} \| Az - y \|_2^2$，则有：

$$\Phi(z) = g(z) + \mu f(z) = \| z \|_1 + \dfrac{\mu}{2} \| Az - y \|_2^2 \tag{4-63}$$

则根据凸优化理论，$\Phi(z)$ 的最小值等价于求 $T(z) = \partial \Phi(z)/\partial z = 0$。根据算子分裂理论，若 $\Phi(z)$ 可被分裂成两个凸函数相加的形式，即 $\Phi = \Phi_1 + \Phi_2$，则有 $T = T_1 + T_2$。根据不动点定理：

$$0 \in T \Leftrightarrow 0 \in (z + \tau T_1 z) - (z - \tau T_2 z) \tag{4-64}$$

由上式推导得：

$$z = [I + \tau T_1(z)]^{-1} [I - \tau T_2(z)] z \tag{4-65}$$

由此得到稀疏向量的迭代公式为：

$$z^{n+1} = \left[I + \tau T_1(z^n) \right]^{-1} \left[I - \tau T_2(z^n) \right] z^n \qquad (4-66)$$

式中，$T_1(z) = \nabla g(z)$；$T_2(z) = \mu \nabla f(z)$；I 为恒等映射。

对式（4-66）中的微分进行求解得：

$$\frac{\partial}{\partial z} \| z \|_1 = \mathrm{sgn}(z) = \begin{cases} + 1, & z_i > 0 \\ - 1, & z_i < 0 \\ [-1, \ +1], & z_i = 0 \end{cases} \qquad (4-67)$$

以及

$$\frac{\partial}{\partial z} \left(\frac{1}{2} \| Az - y \|_2^2 \right) = A^{\mathrm{T}}(Az - y) \qquad (4-68)$$

根据凸优化理论，当且仅当：

$$z = \mathrm{sgn}[z - \tau \nabla f(z)] \odot \max \left\{ | z - \tau \nabla f(z) | - \frac{\tau}{\mu}, \ 0 \right\} \qquad (4-69)$$

为式（4-62）的最优解。因此，由 FPC 算法求解 L_1 范数最优化问题的迭代公式可简化为：

$$z^{n+1} = \mathrm{sgn}[z^n - \tau \nabla f(z^n)] \odot \max \left\{ | z - \tau \nabla f(z) | - \frac{\tau}{\mu}, \ 0 \right\} \qquad (4-70)$$

式中，τ、μ 均为常数。

2）基于 CS 的 ECT 图像重构

将压缩感知理论运用于电容层析成像系统时，图像的灰度向量 g 便是需要重构的原始信号。为了能满足 CS 的使用条件，首先需要寻找一组合适的正交基向量对需要重建的灰度向量进行稀疏化处理。目前，常用的稀疏基主要包括离散傅里叶变换基（DFT）、离散正弦变换基（DST）、离散余弦变换基（DCT）、离散小波变换基（DWT）等。DFT 基可以较好地稀疏化 ECT 中多种典型流型的灰度向量。而经比较分析，时域基能更好地对观测矩阵进行稀疏化。选取时域基作为稀疏基矩阵，可以得到：

$$g = \mathbf{\Psi}_{\mathrm{T}} z \qquad (4-71)$$

ECT 系统的线性模型为：

$$c = Sg \qquad (4-72)$$

将式（4-71）代入式（4-72）可得：

$$c = Sg = S\mathbf{\Psi}_{\mathrm{T}} z \qquad (4-73)$$

式中，c 为 ECT 系统中的 $M \times 1$ 维电容测量值，是观测投影向量；S 为 $M \times N$ 维灵敏度矩阵，是压缩采样中的观测矩阵。

为了保证灰度向量 g 能唯一准确地由观测向量 c 重构，矩阵 $S\mathbf{\Psi}_{\mathrm{T}}$ 需要满足 RIP 准则。典型的 12 电极 ECT 系统独立测量数为 $C_{12}^2 = 66$，管道内重构区域计算点由极坐标扇形刳分，个数为 2401；成像点由 Matlab 软件线性拟合，像素为 300

×300。由此可知，$M = 66$，$N = 2401$，可知 $M \ll N$，为欠定性方程，难以定解。结合 CS 理论，将其转化为凸优化问题的最优化问题可以将解唯一确定。而由于 ECT 系统是按照一定的激励顺序进行测量的，因而为了保证传感矩阵满足 RIP，将 S 的每一行按照高斯随机顺序打乱来构造新的高斯随机观测阵 S_{new}，与此同时，需要将电容测量值按照同样的高斯随机顺序打乱，得到新的观测向量 c_{new}。这样，基于 CS 理论的 ECT 数学模型便可写成：

$$\begin{cases} z_{opt} = \arg\min\limits_{z \in R^N} \| z \|_0 & \text{s. t. } c_{new} = S_{new}\, \Psi_T z \\ g_{opt} = \Psi_T z_{opt} \end{cases} \qquad (4\text{-}74)$$

基于 CS 的 ECT 图像重构问题是典型的最小 L_0 范数问题，可由上述最优化问题算法 FPC 求解。

重构的图像向量 g_{opt} 的元素大小范围为 $[0, 1]$，对其进行二值化处理，可使重构图像更加清晰。采用最优阈值算法搜寻阈值后，利用重构图像计算出新的电容值，并与测量电容进行比较，不断逼近直至电容误差最小。

3）CS 重构算法仿真验证

为比较基于 CS 的 ECT 图像重构效果，分别利用线性反投影（LBP）算法、经典迭代（Landweber）算法以及压缩感知背景下的不动点连续（FPC）算法对分层流、环状流、偏心流 3 种典型流型进行图像重构。利用 Comsol 有限元计算仿真软件建立 ECT 传感器模型，其结果如图 4-13 所示。

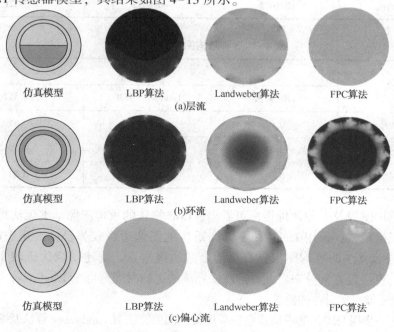

图 4-13　不同算法的重构图像

为了评价重建图像的效果，采用相对电容残差、图像相关系数、重构时间作为评价指标。分别计算 3 种算法的重建图像评价指标，结果如表 4-5～表 4-7 所示。

表 4-5 3 种重构图像的相对电容残差

流型	电容残差		
	LBP 算法	Landweber 算法	FPC 算法
层流	2.6651	1.5022	0.9417
环流	1.7906	0.1321	0.2246
偏心流	3.8872	1.0442	0.9373

表 4-6 3 种重构图像的图像相关系数

流型	图像相关系数		
	LBP 算法	Landweber 算法	FPC 算法
层流	0.1651	0.7372	0.7865
环流	0.0906	0.8161	0.8112
偏心流	0.1072	0.8032	0.8322

表 4-7 3 种重构图像的重构时间

流型	重构时间/s		
	LBP 算法	Landweber 算法	FPC 算法
层流	0.01	5.39	0.81
环流	0.01	4.72	0.79
偏心流	0.01	5.73	0.81

由重构图像及上述评价指标可看出，LBP 算法的重构图像基本无法用肉眼识别，辨识度很差；采用 Landweber 算法重构的图像边缘较为模糊，辨识度较好；而基于 FPC 算法的重构图像具有更清晰的边缘信息，重建图像伪迹较少，辨识度更高，更接近真实分布。此外，FPC 算法的重构时间远低于 Landweber 算法，可满足工业成像对实时性的要求。

为进一步提升图像的重构质量，采用最优阈值算法对 Landweber 算法及 FPC 算法重构的图像进行图像灰度变换。处理后的效果及图像相关系数如表 4-8 所示。

表 4-8　两种算法的灰度处理图像与相关系数

流型	Landweber算法		FPC算法	
	灰度处理	图像相关系数	灰度处理	图像相关系数
层流		0.7921		0.8354
环流		0.8332		0.8043
偏心流		0.7654		0.9133

从灰度图像可以看出，经最优阈值算法灰度处理后的图像效果有所改善，且 FPC 算法的重构图像效果优于 Landweber 算法。

参 考 文 献

[1] Yao J, Takei M. Application of process tomography to multiphase flow measurement in industrial and biomedical fields: a review[J]. IEEE Sensors Journal, 2017, 17(24): 8196-8205.

[2] Scanziani A, Singh K, Blunt M J, et al. Automatic method for estimation of in situ, effective contact angle from X-ray micro tomography images of two-phase flow in porous media[J]. Journal of Colloid and Interface Science, 2017, 496: 51-59.

[3] Rasel R K, Zuccarelli C E, Marashdeh Q M, et al. Towards multiphase flow decomposition based on electrical capacitance tomography sensors[J]. IEEE Sensors Journal, 2017, 17(24): 8027-8036.

[4] Goh C L, Ruzairi A R, Hafiz F R, et al. Ultrasonic tomography system for flow monitoring: a review[J]. IEEE Sensors Journal, 2017, 17(17): 5382-5390.

[5] Bray J M, Lauchnor E G, Redden G D, et al. Impact of mineral precipitation on flow and mixing in porous media determined by micro-computed tomography and MRI[J]. Environmental Science and Technology, 2017, 51(3): 1562-1569.

[6] York T. Status of electrical tomography in industrial applications[C], Proceedings of SPIE-The International Society for Optical Engineering, Boston, MA, United states, 2001: 175-190.

[7] Beek M S, Byars M, Dyakowski T. Principles and industrial applications of electrical capacitance tomography[J]. Measurement & Control, 1997, 30(7): 197-200.

[8] 王化祥. 电学层析成像[M]. 科学出版社, 2013: 3-21.

[9] Zhao T, Takei M. Discussion of the solids distribution behavior in a downer with new designed distributor based on concentration images obtained by electrical capacitance tomography[J]. Powder Technology, 2010, 198(1): 120-130.

[10] Tan C, Wang NN, Dong F. Oil-water two-phase flow pattern analysis with ERT based measure-

ment and multivariate maximum lyapunov exponent[J]. Journal of Central South University, 2016, 23(1): 240-248.

[11] Wang X X, Hu H L, Jia H Q, et al. An AST-ELM method for eliminating the influence of charging phenomenon on ECT[J]. Sensors, 2017, 17(12): 2863.

[12] Sun J, Yang W. A dual-modality electrical tomography sensor for measurement of gas-oil-water stratified flows[J]. Measurement, 2015, 66: 150-160.

[13] Saoud A, Mosorov V, Grudzien K. Measurement of velocity of gas/solid swirl flow using electrical capacitance tomography and cross correlation technique[J]. Flow Measurement and Instrumentation, 2016, 53: 133-140.

[14] 赵玉磊, 郭宝龙. 基于 ECT 图像重建算法的多相流检测研究[J]. 农业机械学报, 2016, 47(7): 368-374.

[15] Ma X, Peyton A J, Higson S R, et al. Hardware and software design for an electromagnetic induction tomography (EMT) system for high contrast metal process applications[J]. Measurement Science and Technology, 2006, 17(1): 111-118.

[16] Terzija N, Yin W, Gerbeth G, et al. Use of electromagnetic induction tomography for monitoring liquid metal/gas flow regimes on a model of an industrial steel caster[J]. Measurement Science and Technology, 2011, 22(1): 015501.

[17] Li X, Jaworski A J, Mao X. Bubble size and bubble rise velocity estimation by means of electrical capacitance tomography within gas-solids fluidized beds[J]. Measurement, 2018, 117: 226-240.

[18] Annamalai G, Pirouzpanah S, Gudigopuram S R, et al. Characterization of flow homogeneity downstream of a slotted orifice plate in a two-phase flow using electrical resistance tomography [J]. Flow Measurement and Instrumentation, 2016, 50: 209-215.

[19] Wang Q, Polansky J, Wang M, et al. Capability of dual-modality electrical tomography for gas-oil-water three-phase pipeline flow visualisation[J]. Flow Measurement and Instrumentation, 2018, 62: 152-166.

[20] 韩玉环, 靳海波. 采用电阻层析成像技术测量三相外环流反应器中相含率的实验研究 [J]. 过程工程学报, 2009, 9(3): 431-436.

[21] 张凯, 胡东芳, 王保良, 等. 基于 CCERT 与声发射技术的气液固三相流相含率测量[J]. 北京航空航天大学学报, 2017, 43(11): 2352-2358.

[22] Ma L, Mccann D, Hunt A. Combining magnetic induction tomography and electromagnetic velocity tomography for water continuous multiphase flows[J]. IEEE Sensors Journal, 2017, 17 (24): 8271-8281.

[23] Dong F, Xu Y, Hua L, et al. Two methods for measurement of gas-liquid flows in vertical upward pipe using dual-plane ERT system[J]. IEEE Transactions onInstrumentation and Measurement, 2006, 55(5): 1576-1586.

[24] Jia J, Wang M, Schlaberg H I, et al. A novel tomographic sensing system for high electrically conductive multiphase flow measurement[J]. Flow Measurement and Instrumentation, 2010, 21(3): 184-190.

[25] Liu S, Chen Q, Wang H G, et al. Electrical capacitance tomography for gas-Solids flow measurement for circulating fluidized beds[J]. Flow Measurement and Instrumentation, 2005, 16 (3): 135-144.

[26] Huang S M, Plaskowski A B, Xie C G, et al. Tomographic imaging of two-component flow using capacitance sensors[J]. Journal of Physics E Scientific Instruments, 1989, 22 (3): 173-177.

[27] 王化祥. 电学层析成像[M]. 北京: 科学出版社, 2013.

[28] Chen X, Hu H, Liu F, et al. Image reconstruction for an electrical capacitance tomography system based on a least-squares support vector machine and a self-adaptive particle swarm optimization algorithm[J]. Measurement Science & Technology, 2011, 22 (10): 104008.

[29] 刘骁. 气固两相流电容层析成像技术图像重构算法的研究[D]. 西安: 西安交通大学, 2016.

[30] Golonka L J, Licznerski B W, Nitsch K, et al. Application of electrical capacitance tomography for measurement of gas-solids flow characteristics in a pneumatic conveying system[J]. Measurement Science & Technology, 2001, 12(8): 1109.

[31] Rasel R, Zuccarelli C, Marashdeh Q, et al. Towards multiphase flow decomposition based on electrical capacitance tomography sensors[J]. IEEE Sensors Journal, 2017(99): 1-1.

[32] 牟昌华, 彭黎辉, 姚丹亚, 等. 一种基于电势分布的电容成像敏感分布计算方法[J]. 计算物理, 2006, 23(1): 87-92.

[33] 唐凯豪, 胡红利, 李林, 等. 利用场量旋转变换的电容层析成像灵敏度系数简易计算方法[J]. 西安交通大学学报, 53(03): 81-86+93.

[34] York T. Status of electrical tomography in industrial applications[C], Proceedings of SPIE - The International Society for Optical Engineering, Boston, MA, United states, 2001: 175-190.

[35] Huang S M, Plaskowski A B, Xie C G, et al. Tomographic imaging of two-component flow using capacitance sensors[J]. Journal of Physics E Scientific Instruments, 1989, 22 (3): 173-177.

[36] Xie, C G. Mass flow measurement of solids in a gravity drop conveyor using capacitance transducers[J]. University of Manchester Institute of Science & Technology, 1988.

[37] Yan H, Liu LJ, Xu H, et al. Image reconstruction in electrical capacitance tomography using multiple linear regression and regularization[J]. Measurement Science & Technology, 2001, 12(5): 575.

[38] Peng L, Merkus H, Scarlett B. Using regularization methods for image reconstruction of electrical capacitance tomography[J]. Particle & Particle Systems Characterization, 2000, 17 (3): 96-104.

[39] Rust BW. Truncating the singular value decomposition for ill-posed problems[J]. 1998.

[40] Hansen PC. The truncated SVD as a method for regularization[J]. BitNumerical Mathematics, 1987, 27(4): 534-553.

[41] Ma Y, Zheng Z, Xu LA, et al. Application of electrical resistance tomography system to

monitor gas/liquid two-phase flow in a horizontal pipe[J]. Flow Measurement & Instrumentation, 2001, 12(4): 259-265.

[42] Yang W Q, Peng L. Image reconstruction algorithms for electrical capacitance tomography[J]. Journal of Tsinghua University, 2003, 14(1): R1-R13(13).

[43] Jang J D, Lee S H, Kim K Y, et al. Modified iterative Landweber method in electrical capacitance tomography[J]. Measurement Science & Technology, 2006, 17(7): 1909.

[44] Edic P M, Isaacson D, Saulnier GJ, et al. An iterative Newton-Raphson method to solve the inverse admittivity problem[J]. IEEE Transactions on Biomedical Engineering, 1998, 45(7): 899-908.

[45] Liu S, Fu L, Yang W Q, et al. Prior-online iteration for image reconstruction with electrical capacitance tomography[J]. Science, Measurement and Technology, IEE Proceedings -, 2004, 151(3): 195-200.

[46] Dong X, Ye Z, Soleimani M. Image reconstruction for electrical capacitance tomography by using soft-thresholding iterative method with adaptive regulation parameter[J]. Measurement Science & Technology, 2013, 24(24): 085402.

[47] 毛明旭, 叶佳敏, 王海刚, 等. 基于稀疏正则化的内外置电极电容层析成像[J]. 中南大学学报(自然科学版), 2016, 47(5): 1774-1781.

[48] 刘骁, 王小鑫, 胡红利, 等. 改进型离线迭代在线重构算法的电容层析成像技术研究[J]. 西安交通大学学报, 2014(4): 35-40.

[49] Donoho D. Compressed sensing[J]. IEEE Trans. on Information Theory, 2006, 52(4): 1289-1306.

[50] 邵文泽, 韦志辉. 压缩感知基本理论: 回顾与展望[J]. 中国图像图形学报, 2012, 17(1): 4-15.

[51] 吴新杰, 黄国兴, 王静文. 压缩感知在电容层析成像流型辨识中的应用[J]. 光学精密工程, 2013, 21(4): 1062-1068.

[52] 唐晨晖, 胡红利, 王格, 等. 压缩感知在 ECT 分相含率检测中的应用[J]. 西北大学学报(自然科学版), 2019, 49(5): 698-704.

[53] 马坚伟, 徐杰, 鲍跃全, 等. 压缩感知及其应用: 从稀疏约束到低秩约束优化[J]. 信号处理, 2012, 28(5): 609-623.

[54] Candes E J, Rombers J, TAO T. Robust uncertainty principles: exact signal reconstruction from highly incomplete frequency information[J]. IEEE Transaction on Information Theory, 2006, 52(2): 489-509.

[55] 石光明, 刘丹华, 高大化, 等. 压缩感知理论及其研究进展[J]. 电子学报, 2009, 37(5): 1070-1081.

[56] Natarajan B K. Sparse approxi- mate solutions to linear systems[J]. SIAM Journal on Computing, 1995, 24(2): 227-234.

[57] Chen S S, Donoho D L, Saun-ders M A. Atomic decomposition by basis pursuit[J]. SIAM Review, 2001, 43(1): 129-159.

[58] 刘艳, 宋欢欢, 李雷. 压缩感知中基于快速不动点迭代算法的研究[J]. 计算机技术与发

展，2017（3）.

［59］刘晓曼，丛佳，朱永贵．不动点方法及其在压缩感知核磁共振成像中的应用［J］．中国传媒大学学报：自然科学版，2014，21（1）：28-34.

［60］张立峰．压缩感知在电容层析成像中的应用［J］．计算机技术与发展，2017（3）.

［61］王化祥．电学层析成像［M］．北京：科学出版社，2013.

［62］陈宇，高宝庆，张立新，等．基于加权奇异值分解截断共轭梯度的电容层析图像重建［J］．光学精密工程，2010，18（3）：701-707.

第 5 章　介质带电对电容层析成像技术的影响

含有固相颗粒的多相流系统中，颗粒与输送管管道壁之间相互存在着摩擦、碰撞、黏附、分离等现象，进而导致固相颗粒带电，产生静电效应，该效应会影响测量电极上的感应电荷量，进而影响电学层析成像的测量精度。近年来，不少国内外学者针对管道内部颗粒带电对电容传感器测量的影响进行了探索研究，部分学者提出了消除该影响的方法。例如，在交流测量电路上加入带通滤波滤除与电容信号不同频率的静电信号，将静电层析技术（Electrostatic Tomography，EST）与 ECT 相结合等。本章从灵敏度系数矩阵和图像重构算法的角度，分析降低介质带电对 ECT 影响的方法。

第 1 节　静电效应对电容层析成像技术测量的影响

1. 静电效应对电容测量的影响

首先，在 Comsol Multiphysics 有限元仿真软件上建立传感器模型，分析管道内部敏感区域的静电效应对电容值测量的影响。在外径为 50mm 的管道内部放置一个半径为 5mm 的带电介质，物体的相对介电常数设为 4.3，其电荷密度分别设为 $\pm5\times10^{-9}\text{C/m}^3$、$\pm1\times10^{-8}\text{C/m}^3$ 和 $\pm5\times10^{-8}\text{C/m}^3$。把带电物体分别置于管道中间和管道右上方两个不同位置。它们的电势分布如图 5-1 所示，其中一个电极加 3.3V 激励电压，其余电极接地。

从图 5-1 中可知，管道内部放置带电物体对整个敏感区域的电场分布是有影响的，且带电物体的位置及带电量大小对电场分布的影响不同。图 5-2 所示为不同条件下 66 对电容差值 ΔC 的曲线，$\Delta C = C_{\text{uncharged}} - C_{\text{charged}}$，其中，$C_{\text{charged}}$ 为物体带电时的电容值，$C_{\text{uncharged}}$ 为物体不带电时的电容值。

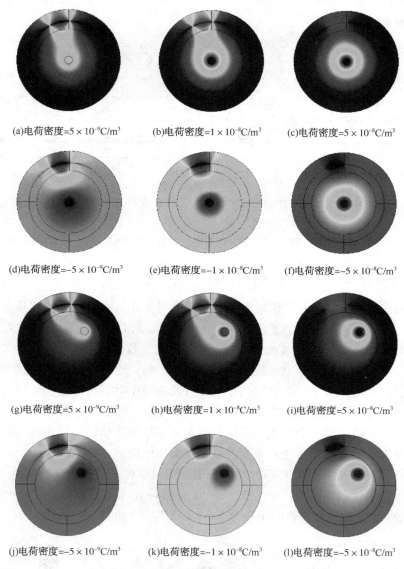

(a)电荷密度=5×10⁻⁹C/m³ (b)电荷密度=1×10⁻⁸C/m³ (c)电荷密度=5×10⁻⁸C/m³

(d)电荷密度=-5×10⁻⁹C/m³ (e)电荷密度=-1×10⁻⁸C/m³ (f)电荷密度=-5×10⁻⁸C/m³

(g)电荷密度=5×10⁻⁹C/m³ (h)电荷密度=1×10⁻⁸C/m³ (i)电荷密度=5×10⁻⁸C/m³

(j)电荷密度=-5×10⁻⁹C/m³ (k)电荷密度=-1×10⁻⁸C/m³ (l)电荷密度=-5×10⁻⁸C/m³

图 5-1　不同条件下的电势分布图

　　通过图 5-1 和图 5-2，可以得到结论：①当管道内部物体带负电荷时，电极板上感应的电荷量引起的电容差值是正的，反之，则电容差值是负的；②当带电物体位于管道中央时，各电极对之间的电容值变化量基本相同；当带电物体位于靠近管壁的地方时，各电极对之间的电容变化量不同，越靠近管壁，变化量之间的差距越大，其中，靠近带电物体的电极对变化量最大；③物体带电量越大，引起的电容变化量越大，因此，当管道内部有物体带电时，电极板上感应到的电容值就不再仅反映介质分布的电容值，同时也反映了颗粒带电的情况（即受颗粒带电的影响）。

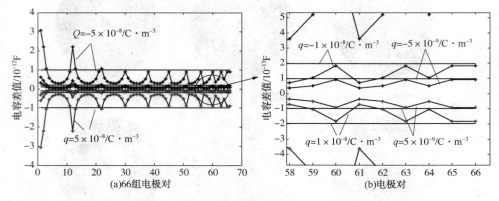

图 5-2　带电与不带电电容差值曲线

2. 静电效应对灵敏度系数的影响

　　进一步研究发现，粒子带电不仅会引起电场变化，影响电容值测量，同时也会对敏感区域的灵敏度系数产生影响。ECT 的灵敏度系数具有"软场"特性，即灵敏度系数矩阵对敏感区域内的介质分布（介电常数分布）很敏感。在实际 ECT 求解中，我们通常忽略介电常数扰动对电场的影响，通过玻恩近似将这个问题线性化。但是严格意义上讲，只有当介电常数改变较小时，玻恩近似才能适用。然而当介质带电（尤其带电量较大）时敏感区域内的电势分布将出现失真，此时的灵敏度系数也随之改变。因此，在这种情况下，如果继续使用预先设定的灵敏度系数，可能会导致图像重建效果变差，甚至无法成像。

　　通过 Comsol 有限元软件对介质带电引起的灵敏度系数变化进行分析。3 个研究对象为：层流（固相含率占一半）、一个介质棒和三个介质棒。固相介质相对介电常数设为 4.3，介质棒的半径为 5mm，具体形状如图 5-3 所示。

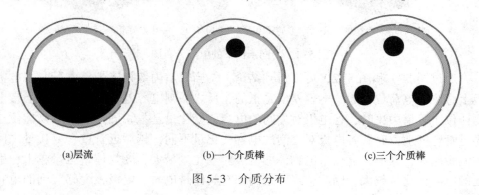

(a)层流　　　　　　　　(b)一个介质棒　　　　　　　　(c)三个介质棒

图 5-3　介质分布

在每种情况下，物体的体积电荷密度依次设置为 $0C/m^3$、$5 \times 10^{-9} C/m^3$ 和 $1 \times 10^{-8} C/m^3$。不同条件下的电势分布如图 5-4 所示。

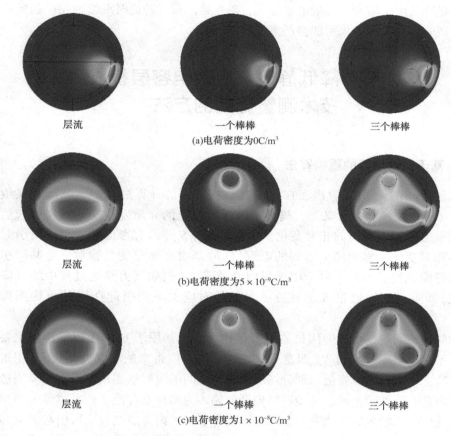

层流　　　一个棒棒　　　三个棒棒
(a)电荷密度为 $0C/m^3$

层流　　　一个棒棒　　　三个棒棒
(b)电荷密度为 $5 \times 10^{-9} C/m^3$

层流　　　一个棒棒　　　三个棒棒
(c)电荷密度为 $1 \times 10^{-8} C/m^3$

图 5-4　不同电荷密度和介质分布下电势

从图 5-4 中可以看出，电荷密度越大，电位畸变越明显。根据灵敏度系数求解方法计算各种情况下的灵敏度系数矩阵。然后通过式(5-1)计算出图 5-4 中的灵敏度系数矩阵与填充空气(空场)时的相对误差：

$$E_x = \parallel S_x - S_{empty} \parallel_2 / \parallel S_{empty} \parallel_2 \qquad (5-1)$$

式中，S_x 为图 5-4 中各分图的灵敏度系数矩阵；S_{empty} 为空场的灵敏度系数矩阵。具体相对误差如表 5-1 所示。

表 5-1　灵敏度系数矩阵误差

$0C/m^3$			$5 \times 10^{-9} C/m^3$			$1 \times 10^{-8} C/m^3$		
E_a	E_b	E_c	E_d	E_e	E_f	E_g	E_h	E_i
0.099	0.127	0.198	3.345	7.290	9.345	12.966	28.418	36.740

通过表 5-1 中的数据可以看出，当介质不带电时，灵敏度系数矩阵与空场下的灵敏度系数矩阵相差不大，可以满足玻恩近似条件。但是当介质带电时，灵敏度系数矩阵发生了畸变，且带电量越大，畸变越严重。若此时继续使用空场灵敏度系数矩阵，其重构效果可能会严重变形。

第 2 节　降低静电效应对电容层析成像技术测量影响的方法

1. 基于机器学习的重构算法

根据式(4-29)可以看出，在大多数重构算法的计算过程中，都涉及灵敏度矩阵(S)，S 的物理含义是，当某一个像素位置的介质发生变化时所引起的不同电极组合间电容值的相对变化。由此可见，S 并没有考虑颗粒带电所引起的电容相对变化。然而测量得到的电容值(c)是由介质改变及颗粒带电共同引起的电容变化量，因此，对于敏感场内介质带电(例如气力输送过程中的气固两相流)而言，直接通过 S 来建立 c 与 g 的对应关系会引起严重的重构图像失真。

针对这一问题，可以使用机器学习重构算法，其用于 ECT 图像重构的主要思想为不利用电磁敏感机理(即避开电场的软场效应带来的非线性)，而是用机器学习建立一个输入电容值与剖分场域灰度值之间的映射来实现图像重构。当敏感区域内部有颗粒带电时，神经网络模型的输入为测量电容值，该电容值上即携带介质变化带来的电容值改变量，同时也携带了管道内部静电效应所引起的电容值改变量，神经网络的输出为相应的图像灰度值。常见的机器学习类重构算法有反向传播(Back Propagation，BP)神经网络、支持向量机(Support Vector Machine，SVM)、卷积神经网络(convolutional neural network，CNN)等。本节重点分析一种基于 Landweber 改进的 ELM 图像重构算法在 ECT 中的应用。

1) 极限学习机 ELM 原理

极限学习机(Extreme Learning Machine，ELM)是由新加坡国立大学黄广斌提出并验证的一种新型单隐层前馈神经网络(Single‐hidden Layer Feed‐forward Neural Networks，SLFNs)算法。该算法具有计算速度快、泛化能力强等优点，这些优点与 ECT 系统中图像重构要求的实时性相关，弥补了传统神经网络用于图像重构速度慢的缺陷。该算法已经被广泛应用于模式识别、故障诊断及分类中，但是在图像重构领域还少有相关研究。

反向传播(Back Propagation，BP)神经网络作为广泛应用的神经网络模型之一，是由 Rumelhart 和 McCelland 于 1986 年提出的。其网络结构由输入层、隐含层（或称隐层）和输出层构成。BP 神经网络的学习方法是最速下降法，即通过输出值的反向传播调整网络的权值系数及阈值，使神经网络误差平方和最小。随着多隐含层神经网络研究的普及，BP 神经网络的缺陷也逐渐显露出来：①BP 神经网络需要迭代更新权重和偏置，当网络规模非常大时，会带来庞大的计算复杂度，计算效率也会降低；②在 BP 神经网络算法中，误差梯度是逐层递减的，当网络层数较多时，梯度经常会变得很小，对更新权值和偏置几乎起不到作用。

单隐层前馈神经网络（Single-hidden Layer Feed-forward Neural Networks，SLFNs）是 BP 神经网络的一种，其特点是隐层只有一层，相对其他神经网络而言，其结构比较简单。对于 N 个互不相同的训练样本 (x_i, t_i)，其中 $\boldsymbol{x}_i = [x_{i1}, x_{i2}, \cdots, x_{in}]^T \in R^n (1 \leq i \leq N)$ 是系统的输入，在这里即电容值；$t_i = [t_{i1}, t_{i2}, \cdots, t_{im}]^T \in R^m$ 是系统的输出，即灰度值。含有 $\tilde{N}$ 个隐层节点的 SLFNs 的一般模型为：

$$\sum_{i=1}^{\tilde{N}} \boldsymbol{\beta}_i g(\boldsymbol{x}_j) = \sum_{i=1}^{\tilde{N}} \boldsymbol{\beta}_i g(\boldsymbol{a}_i \cdot \boldsymbol{x}_j + b_i) = \boldsymbol{t}_j, \quad j = 1, 2, \cdots, N \qquad (5-2)$$

式中，$\boldsymbol{a}_i = [a_{i1}, a_{i2}, \cdots, a_{in}]^T$ 为联结系统输入节点与第 i 个隐层节点的输入权重系数矩阵；b_i 为第 i 个隐层节点的输入偏差；$\boldsymbol{\beta}_i = [\beta_{i1}, \beta_{i2}, \cdots, \beta_{im}]^T$ 为联结系统输出节点与第 i 个隐层节点的输出权重矩阵；$\boldsymbol{a}_i \cdot \boldsymbol{x}_j$ 为 $\boldsymbol{a}_i$ 与 $\boldsymbol{x}_j$ 的内积；$g(x)$ 为隐含节点的非线性分段激活函数，一般可以选择 Sigmoid 函数、Sine 函数或者径向基（Radial Basis Function，RBF）函数等。

（1）Sigmoid 函数表达式为：

$$G(a, b, x) = \frac{1}{1 + \exp[-(a \cdot x + b)]} \qquad (5-3)$$

（2）傅里叶函数表达式为：

$$G(a, b, x) = \sin(a \cdot x + b) \qquad (5-4)$$

（3）Hardlimit 函数表达式为：

$$G(a, b, x) = \begin{cases} 1, & a \cdot x - b \geq 0 \\ 0, & \text{其他} \end{cases} \qquad (5-5)$$

（4）Gaussian 函数表达式为：

$$G(a, b, x) = \exp(-b \| x - a \|^2) \qquad (5-6)$$

（5）Multiquadrics 函数表达式为：

$$G(a, b, x) = (\| x - a \|^2 + b^2)^{1/2} \qquad (5-7)$$

式（5-2）可以简化为如下矩阵形式：

$$\boldsymbol{H\beta} = \boldsymbol{T} \qquad (5-8)$$

式中:

$$\begin{cases} H(a_1,\cdots,a_N,b_1,\cdots,b_{\tilde N},x_1,\cdots,x_N) = \begin{bmatrix} g(a_1 \cdot x_1 + b_1) & \cdots & g(a_{\tilde N} \cdot x_1 + b_{\tilde N}) \\ \vdots & \ddots & \vdots \\ g(a_1 \cdot x_N + b_1) & \cdots & g(a_{\tilde N} \cdot x_N + b_{\tilde N}) \end{bmatrix}_{N \times \tilde N} \\[4mm] \boldsymbol{\beta} = \begin{bmatrix} \boldsymbol{\beta}_1^{\mathrm T} \\ \vdots \\ \boldsymbol{\beta}_{\tilde N}^{\mathrm T} \end{bmatrix}_{\tilde N \times m} \\[4mm] \boldsymbol{T} = \begin{bmatrix} \boldsymbol{t}_1^{\mathrm T} \\ \vdots \\ \boldsymbol{t}_N^{\mathrm T} \end{bmatrix}_{N \times m} \end{cases}$$

描述神经网络误差平方和的代价函数为:

$$\mathop{\mathrm{argmin}}\limits_{W=(a,\ b,\ \beta)} E(W) = \mathop{\mathrm{argmin}}\limits_{W=(a,\ b,\ \beta)} \parallel \boldsymbol{\varepsilon} \parallel^2$$

$$\mathrm{s.\,t.} \sum_{i=1}^{\tilde N} \boldsymbol{\beta}_i g(a_i \cdot x_j + b_i) - t_j = \boldsymbol{\varepsilon}_j \tag{5-9}$$

式中,$\boldsymbol{\varepsilon}_j = [\varepsilon_{j1},\ \varepsilon_{j2},\ \cdots,\ \varepsilon_{j\tilde N}]$,为第 j 个样本的输出偏差;$E(W)$ 为期望输出与实际输出之间的误差平方和。

神经网络的目标即找到使代价函数 $E(W)$ 最小的的权重矩阵 $W = (a,\ b,\ \boldsymbol{\beta})$。

ELM 的灵感来自生物学习,力求克服 BP 学习算法中遇到的难点。大脑学习是一个复杂的过程,但是大脑在对特征进行提取、聚集、回归及分类时,通常不需要人为干预,而且在很多时候不需要时间学习给定的特殊样本。基于这些生物学习的特性,我们可以推测大脑系统的一些部分含有随机神经元,这些神经元的所有参数不依赖于环境,这就是 ELM 最初想法的由来。该算法基于计算机语言学习的效率已经在 2004 年被证明,其通用的逼近能力在 2006~2008 年亦被证明,随后,它的生物学性能也在 2011~2013 年被发掘。不同于其他的所谓的随机/半随机学习方法/网络,ELM 所有隐层节点不仅都不依赖于训练数据,同时也不依赖彼此。虽然隐层节点非常重要,但是它们不需要被调整,而且隐层节点参数可以随机产生。也就是说,ELM 不需要训练数据就能产生隐层节点参数。

基于对 SLFNs 的研究,黄广斌于 2006 年提出并验证了极限学习机 ELM 的原理:当有足够多的隐层节点数时,SLFNs 可以使用随机的输入权重系数矩阵 $\boldsymbol{a}_i$ 及输入偏差矩阵 $\boldsymbol{b}_i$ 来逼近任何连续函数。这意味着式(3-32)存在一个使代价函数 $E(W) < e(e > 0)$ 的确定解。

为了解决 BP 算法在单隐层前馈神经网络中存在的问题,黄广斌教授提出并证明了 ELM 算法及两个著名的定理:

定理 1：给定 N 个任意样本 $\{x_i, t_i\}$（$x_i \in R^n$, $t_i \in R^m$），一个含有 $\tilde{N}$ 个隐层节点的标准 SLFN 网络和一个在任意区间上无限可微的激活函数 $g: R \to R$，对于在 R^n 和 R 空间内分别根据任意连续概率分布函数随机生成的输入权值 a_i 和偏置 b_i，SLFN 的隐含层输出矩阵 H 必然可逆，且 $\|H\beta - T\| = 0$。

定理 2：给定一个任意小的正数 $\varepsilon > 0$，N 个任意样本 $\{x_i, t_i\}$（$x_i \in R^n$，$t_i \in R^m$）和一个在任意区间上无限可微的激活函数 $g: R \to R$，对于 R^n 和 R 空间内分别根据任意连续概率分布函数随机生成的输入权值 a_i 和偏置 b_i，必然存在 $\tilde{N} \leq N$ 使 $\|H_{N \times \tilde{N}} \beta_{\tilde{N} \times m} - T_{N \times m}\| < \varepsilon$ 成立。

以上两个定理证明了，如果激活函数在任意区间上无限可微，那么就可以随机选取 a_i 和 b_i。为了获得良好的泛化能力，隐层节点数（$\tilde{N}$）一般设置为 $\tilde{N} \leq N$。随机设置输入权重矩阵及输入偏差矩阵后，隐层矩阵 H 将被确定。因此，训练 ELM 的过程即计算 $H\beta = T$ 的最小二乘解 $\hat{\beta}$。

BP 算法中需要设置合适的学习率及停止准则，并且需要迭代调整网络中的权值参数，这样不仅耗时，且易陷入局部最优。与传统的 BP 神经网络相比，ELM 只需要调节隐层节点数 $\tilde{N}$ 这一个参数就可以获得泛化性良好的映射关系。在学习过程中，随机输入权重矩阵及偏差矩阵，通过求解输出矩阵的 Moore-Penrose 广义逆来确定输出权重，节省了大量训练时间。

ELM 作为一个新兴的神经网络算法，有着泛化性强、速度快等优点，广泛应用于分类及回归等领域。但是对于传统的 ELM，它的浅层结构使其难以捕捉到大数据中的有效特征，因此，针对不同领域，需要对其进行改进。例如把 ELM 应用于 ECT 领域时，应结合 ECT 领域的特殊性进行改进。ELM 算法应用于 ECT 中的作用是建立测量电容值与场域灰度值之间的映射，克服 ECT 系统中的非线性。

2）基于 Landweber 算法改进的 ELM 图像重构算法

由于训练组的组数远低于场域的剖分单元数，即在 ELM 中，训练组的组数 N 远小于输出层单元数 m，又由于在设置隐层节点数 $\tilde{N}$ 时应满足 $\tilde{N} \leq N$，即有隐层节点数 $\tilde{N} \leq m$。因此，输出权重矩阵 β 是一个病态、稀疏且非正定的矩阵，导致建立的测量电容值与场域灰度值之间的映射关系易受到扰动的影响。β 的状态与 ECT 迭代法重构过程中的敏感场矩阵的性质很相似，因此，为了缓解 β 的病态性、稀疏性和非正定性对图像重构的影响，采用 Landweber 迭代法对 β 进行修正。

1923 年，Hadamard 提出了偏微分方程固定解的正定概念：解的存在性、唯一性及稳定性。然而对于大多数的逆问题，通常都具有两个特征——非唯一性与非正定性。为了解决逆问题的这些特征，科学家们提出了一系列正则化法，其中 Landweber 迭代法就是一类具有良好稳定性及收敛速度的正则化方法。该方法是由 Landweber 于 1951 年提出。

逆问题的一般形式为：

$$TX = Y \tag{5-10}$$

式中，T 和 Y 为已知矩阵；X 为需要获得的未知矩阵。

采用 Landweber 迭代法可以将拟问题的求解步骤改为：

$$X_0 = T^{\dagger} Y \tag{5-11}$$
$$X_{k+1} = X_k + \alpha (Y - T X_k) \tag{5-12}$$

式中，X_0 为初始解；k 为第 k 次迭代；$T^{\dagger}$ 为 T 的广义逆矩阵；α 为迭代步长。

这种迭代方法可以被视为解决二次函数 $X \to \parallel TX - Y \parallel^2$ 的最速下降法。在 1995 年，Hanke 证明了该算法的收敛性。后来，Scherzer 证明了其解决非线性问题的收敛准则。

使用 Landweber 迭代的主要目的在于通过调整输出矩阵 $(\boldsymbol{\beta})$ 来得到一个稳定的关于输入电容数据以及图像灰度值的映射模型。计算 $\boldsymbol{\beta}$ 时，其迭代过程如下：

$$\boldsymbol{\beta}_0 = H^{\dagger} T \tag{5-13}$$
$$\boldsymbol{\beta}_{k+1} = \boldsymbol{\beta}_k + \alpha (T - H \boldsymbol{\beta}_k) \tag{5-14}$$

式中，α 为迭代步长；$H^{\dagger}$ 为矩阵 H 的 Moore-Penrose 广义逆矩阵，通常由正交投影法来计算；当 $H^{\mathrm{T}} H$ 非奇异时，$H^{\dagger} = (H^{\mathrm{T}} H)^{-1} H^{\mathrm{T}}$，当 $H H^{\mathrm{T}}$ 非奇异时，$H^{\mathrm{T}} = H^{\mathrm{T}} (H^{\mathrm{T}} H)^{-1}$；可以通过对训练模型特征的判断来选择步长 α 及迭代次数 k。

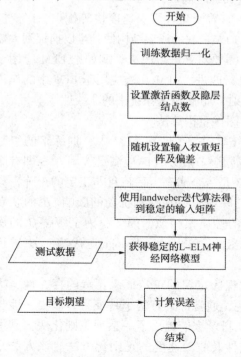

图 5-5　L-ELM 算法的实现流程图

L-ELM 算法的步骤可以总结如下：

输入：训练样本 $\{x_i, \; t_i\}$ ($x_i \in R^n$, $t_i \in R^m$)，激活函数 g，隐含层节点个数。

输出：权值矩阵。

具体步骤：

（1）根据任意连续概率分布函数随机生成输入权值和偏置；

（2）计算隐含层输出矩阵 H；

（3）结合 Landweber 迭代算法，计算输出权值矩阵；

（4）得到稳定的 L-ELM 模型。

（5）测试样本输入模型，得到重构图像。

该算法用于 ECT 成像的实现流程如图 5-5 所示。

虽然 Landweber 迭代算法的半收敛现象可能会对该算法精度带来一定影

响，但是，不同于直接使用 Landweber 迭代算法成像，Landweber 算法在 L-ELM 中的作用是提高映射的稳定性，并由此来克服输出权重矩阵的不适定性及稀疏性。无论 Landweber 算法是否得到了最优解，该 ELM 映射模型的稳定性都将显著提高。

3）L-ELM 算法仿真验证

（1）神经网络类算法成像效果对比。

在 Comsol 有限元软件平台上建立不同模型，获取相应模型下的仿真数据，数据处理及重构算法实验在 Matlab 工具上进行。为了验证 L-ELM 算法的效果，首先，将其与 LIBSVM 及 ELM 神经网络类算法在物体不带电情况下进行对比分析；然后将 L-ELM 与 I-OIOR 算法在物体带电和不带电情况下分别进行重构图像效果对比。210 组典型流型及其相对应的电容值通过 Comsol 多物理场仿真软件获得，随机挑选 30 组作为测试组，剩余的 180 组作为神经网络算法的训练组。分别取几组测试样本作为示例，其结果如表 5-2 及图 5-6 所示。

表 5-2　3 种神经网络类算法训练时间及重构时间

介质分布	LIBSVM 算法		ELM 算法		L-ELM 算法	
	训练时间/s	重构时间/s	训练时间/s	重构时间/s	训练时间/s	重构时间/s
a	152.245	0.2523	1.348	0.0573	4.180	0.0593
b		0.2530		0.0580		0.0597
c		0.2512		0.0579		0.0599

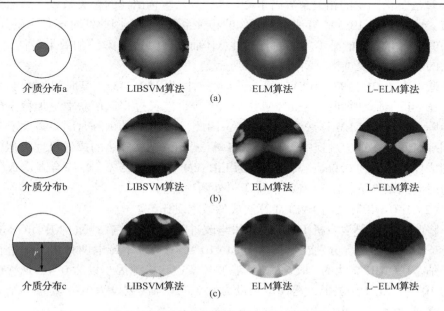

图 5-6　3 种神经网络类算法重构图像对比

其中，LIBSVM 的径向基(Radial Basis Function，RBF)的内核参数 $\alpha = 2$，惩罚因子 $C = 0.5$。ELM 算法与 L-ELM 算法的隐层个数 $\tilde{N}$ 均设为 150，并且均采用径向基函数作为激励函数 $g(x)$。在 L-ELM 算法中，迭代步长设为 0.2，迭代次数设为 10。

通过图 5-6 可知，3 种算法都可以不同程度上重构出与原始流型相似的介质分布，其中，L-ELM 算法重构的图像明显优于另外两种算法下的重构图像，其残影比其他两种算法降低了很多。图 5-7 所示为对 3 种算法重构图像的相关系数进行的量化分析。

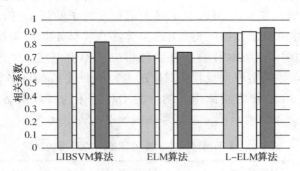

图 5-7　神经网络类算法相关系数柱状图

图 5-7 表明，由 L-ELM 算法重构的上述 3 种流型图像的平均相关系数为 91.7%，明显高于另外两种重构算法(其中，ELM 算法为 75.3%，LIBSVM 算法为 76.0%)。此外，介质分布 a 和 b(核心流和两个对称介质棒流型)情况下，ELM 算法重构图像的相关系数高于 LIBSVM 算法重构图像的相关系数，然而介质分布 c 情况下，LIBSVM 算法重构图像的相关系数较高。因此针对不同介质分布，不同的重构算法性能是不一样的，不过总体而言，L-ELM 算法的效果最佳。3 种算法的训练时间及重构时间如表 5-2 所示。

通过表 5-2 可知，LIBSVM 算法的训练时间为 152.245s，其时间远大于 ELM 和 L-ELM 的训练时间；L-ELM 算法加入了少许迭代过程以便获取更加稳定的输出矩阵(β)，而 ELM 算法没有这一步，因此，L-ELM 的训练时间要稍大于 ELM 的训练时间。在重构过程中，由于 ELM 算法与 L-ELM 算法的成像机理类似，其平均成像时间约为 0.06s，其值大致为 LIBSVM 算法的 25%。在综合考虑成像精度与时间的条件下，L-ELM 算法优于另外两种算法。

(2)I-OIOR 算法与 L-ELM 算法成像效果对比。

将改进型极限学习机 L-ELM 算法与改进型离线迭代在线重构 I-OIOR 算法进行成像效果对比，分别在物体带电($1 \times 10^{-8} \mathrm{C/m^3}$)及不带电两种情况下进行性能评估。I-OIOR 算法的 l 取 6；迭代滤波环节中，松弛因子设为 0.4，迭代次数设为 10。L-ELM 算法中，迭代步长设为 0.2，迭代次数设为 10。其重构结果如图 5-8 所示。

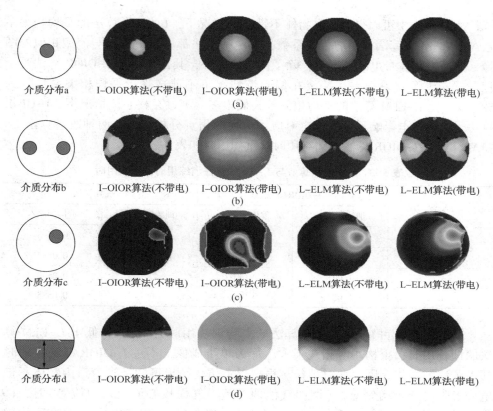

介质分布a　I-OIOR算法(不带电)　I-OIOR算法(带电)　L-ELM算法(不带电)　L-ELM算法(带电)
(a)

介质分布b　I-OIOR算法(不带电)　I-OIOR算法(带电)　L-ELM算法(不带电)　L-ELM算法(带电)
(b)

介质分布c　I-OIOR算法(不带电)　I-OIOR算法(带电)　L-ELM算法(不带电)　L-ELM算法(带电)
(c)

介质分布d　I-OIOR算法(不带电)　I-OIOR算法(带电)　L-ELM算法(不带电)　L-ELM算法(带电)
(d)

图 5-8　I-OIOR 算法与 L-ELM 算法重构图像对比

通过图 5-8 可知，当重构对象介质不带电及介质带电置于管道中心时，I-OIOR 算法的成像效果比 L-ELM 算法的成像效果好，更接近原始介质分布；当重构对象介质带电且置放位置不在管道中心时，采用 I-OIOR 算法的重构图像效果与原始介质分布相差很大，L-ELM 算法的重构图像与原始介质分布较接近，其成像效果明显优于 I-OIOR 算法。图 5-9 所示为对两种改进算法重构图像的相关系数进行的量化分析。

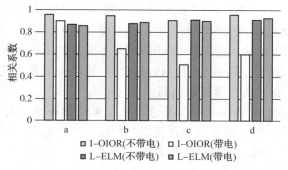

图 5-9　I-OIOR 算法与 L-ELM 算法相关系数柱状图

从图 5-9 中可以得出，在物体不带电的情况下，I-OIOR 算法的平均相关系数高于 L-ELM 算法的平均相关系数，且两种算法都可以重构出与流型相似的图像。然而在物体带电的情况下，除了核心流以外，其他流型下 I-OIOR 算法受干扰严重，成像效果很差，甚至在偏心流情况下不能成像，平均相关系数仅为 58.7%，比 L-ELM 算法的平均相关系数低很多。不过在核心流情况下，I-OIOR 算法受物体带电影响不大，这也对应了前面的仿真分析结果。两种改进算法 L-ELM 算法及 I-OIOR 算法的训练用时及重构用时如表 5-3 所示。

表 5-3　I-OIOR 算法与 L-ELM 算法训练用时及重构用时

流型	I-OIOR 算法		L-ELM 算法	
	训练用时/s	重构用时/s	训练用时/s	重构用时/s
a	1.030	0.090	4.180	0.0598
b	1.040	0.084		0.0587
c	1.001	0.081		0.0590
d	1.029	0.091		0.0585

通过表 5-3 可知，I-OIOR 算法的平均训练用时为 1.03s，低于 L-ELM 算法的训练用时；重构用时相差不大，都为单步成像，不过 I-OIOR 算法重构时加入了滤波迭代，因此耗时稍长。根据以上仿真结果可知，当管道内物体不带电或者带电分布均匀对称（例如气液两相流、气固核心流及均匀流等）时，I-OIOR 算法优于 L-ELM 算法；但是当管道内部有大量带电颗粒，且分布不均匀（例如大多数气固两相流情况）时，L-ELM 算法的成像效果优于 I-OIOR 算法的成像效果。

4）I-OIOR 算法与 L-ELM 算法的实验验证

为了验证算法在管道内部介质带电情况下的实际成像效果，在皮带轮装置平台上进行实验（该平台改装自轴承故障诊断实验平台），其结构如图 5-10 所示。该实验平台包括一个电机、两个滑轮、一根橡胶带、一个传感器支架、一个毛刷、一组 ECT 传感器阵列、一套信号采集处理单元及电脑。通电后，橡胶带随着滑轮移动，速度可以由变频器来控制。在实验过程中，滚动的橡胶带用来模拟移动的固相颗粒流动。用毛刷摩擦滚动的皮带，使滚动的皮带带电，用来模拟带电的流动颗粒。皮带的相对位置可以通过调整传感器支架来改变。皮带截面尺寸为 14mm×10mm，信号由电容接口电路采集。

使用铜片材料作为测量电极，搭建环氧化玻璃管作为绝缘管道的传感器阵列，电容传感器阵列的其他参数包含管道内外径、测量电极的尺寸、屏蔽罩尺寸及径向屏蔽电极尺寸等，具体数值如表 5-4 所示。

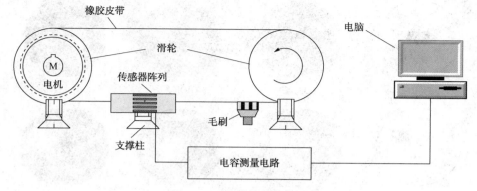

图 5-10　皮带轮实验装置

表 5-4　ECT 电极参数

参数	数值	参数	数值
管道外径/mm	50	管道内径/mm	46
测量电极张角/(°)	26	测量电极长度/mm	60
屏蔽罩外径/mm	80	屏蔽罩长度/mm	100

I-OIOR 算法：离线迭代 150 次，取 $l=6$，迭代滤波环节中松弛因子设为 0.4，迭代次数设为 10。L-ELM 重构算法：迭代步长设为 0.2，迭代次数设为 10，共采集 150 组样本，5 个不同位置的皮带（即 5 种流型），每个流型选 30 组样本进行训练，然后每种流型下随机采集一组电容值进行图像重构。采用 LBP 算法成像效果与两种改进算法的成像效果进行对照，结果如图 5-11 所示。

观察图 5-11 可以得出，L-ELM 算法的成像效果最接近原始流型，明显优于另外两种算法，尤其是 LBP 算法成像效果最差。3 种算法重构图像的相关系数量化分析结果如图 5-12 所示。

由图 5-12 可知，L-ELM 算法重构图像的效果最好，其平均相关系数为 86.94%；其次是 I-OIOR 算法的重构图像，平均相关系数为 70.26%；LBP 算法重构图像的效果最差，平均相关系数为 65%。此外，当物体在敏感场中心时，3 种算法下的重构图像的相关系数相差最小，即电荷影响最小；当物体靠近管壁时，LBP 算法及 I-OIOR 算法成像效果都不好，这与前文理论分析及仿真分析结果相符。该实验证明了 L-ELM 算法在重构目标带电情况下的优势。

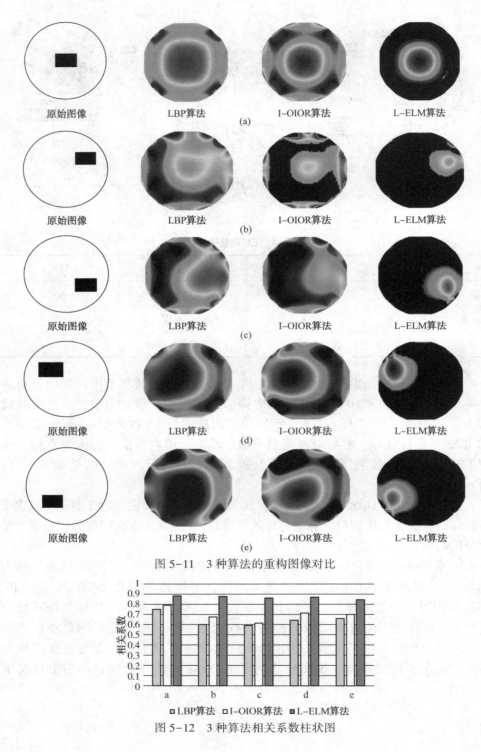

图 5-11　3 种算法的重构图像对比

图 5-12　3 种算法相关系数柱状图

2. 复合灵敏度系数法

复合灵敏度系数法（Complex Sensitivity Coefficient，CSC）的主要思想是在原来的灵敏度系数矩阵中加入电荷灵敏度系数，这样的话，在重构过程中就考虑了颗粒带电对重构的影响。CSC 的理论推导基础是 1971 年 Geselowitz 提出的阻抗体积成像阻抗灵敏度分析理论，该理论至今仍是电阻层析成像的理论基础之一。

1）理论推导

由高斯定理可得：

$$\int_{\Omega} (\nabla \cdot \boldsymbol{A}) \, \mathrm{d}v = \oint_{\partial\Omega} \boldsymbol{A} \cdot \mathrm{d}\boldsymbol{s} \tag{5-15}$$

取 $\boldsymbol{A} = \varphi_i \varepsilon_j \nabla\varphi_j$ ，则式（5-15）可以写成：

$$\int_{\Omega} \nabla \cdot (\varphi_i \varepsilon_j \nabla\varphi_j) \, \mathrm{d}v = \oint_{\partial\Omega} \varphi_i \varepsilon_j \nabla\varphi_j \cdot \mathrm{d}\boldsymbol{s} \tag{5-16}$$

进一步有：

$$\int_{\Omega} [\varphi_i \nabla \cdot (\varepsilon_j \nabla\varphi_j) + \nabla\varphi_i \cdot (\varepsilon_j \nabla\varphi_j)] \, \mathrm{d}v = \oint_{\partial\Omega} \varphi_i \varepsilon_j \nabla\varphi_j \cdot \mathrm{d}\boldsymbol{s} \tag{5-17}$$

当第 i 个极板为激励端时，φ_j 只有在 $\partial\Omega_i$ 情况下不为零，因此：

$$\int_{\Omega} \varphi_i \rho_j \mathrm{d}v + \int_{\Omega} \varepsilon_j \boldsymbol{E}_i \cdot \boldsymbol{E}_j \mathrm{d}v = -V_{\mathrm{E}} \int_{\partial\Omega_i} \varepsilon_j \boldsymbol{E}_j \cdot \mathrm{d}\boldsymbol{s} \triangleq -V_{\mathrm{E}} Q_{ij} \tag{5-18}$$

式中，φ_n、ε_n、ρ_n 和 $\boldsymbol{E}_n$ 分别为第 n 个电极施加激励时的电势函数、介质介电常数、介质带电量和电场；Q_{mn} 为第 m 个电极施加激励时第 n 个电极上的感应电荷。

同样地，当第 j 个极板为激励端时，有：

$$\int_{\Omega} \varphi_j \rho_i \mathrm{d}v + \int_{\Omega} \varepsilon_i \boldsymbol{E}_j \cdot \boldsymbol{E}_i \mathrm{d}v = -V_{\mathrm{E}} \int_{\partial\Omega_j} \varepsilon_i \boldsymbol{E}_i \cdot \mathrm{d}\boldsymbol{s} \triangleq -V_{\mathrm{E}} Q_{ji} \tag{5-19}$$

因此，式（5-18）与式（5-19）相减得：

$$\int_{\Omega} (\varphi_j \rho_i - \varphi_i \rho_j) \, \mathrm{d}v + \int_{\Omega} (\varepsilon_i \boldsymbol{E}_j \cdot \boldsymbol{E}_i - \varepsilon_j \boldsymbol{E}_i \cdot \boldsymbol{E}_j) \, \mathrm{d}v$$
$$= -V_{\mathrm{E}} Q_{ji} + V_{\mathrm{E}} Q_{ij} \tag{5-20}$$

通常情况下，$\varepsilon_i = \varepsilon_j = \varepsilon$ ，$\rho_i = \rho_j = \rho$ ，因此：

$$V_{\mathrm{E}} Q_{ji} = V_{\mathrm{E}} Q_{ij} + \int_{\Omega} \rho (\varphi_j - \varphi_i) \, \mathrm{d}v \tag{5-21}$$

当 i 极板作为激励端时，假设敏感区域内的介质有一个很小的扰动，那么 φ_i、$\boldsymbol{E}_i$、ε_i、ρ_i、Q_{ij} 就相应地变为 $\varphi_i + \delta\varphi_i$、$\boldsymbol{E}_i + \delta\boldsymbol{E}_i$、$\varepsilon_i + \delta\varepsilon_i$、$\rho_i + \delta\rho_i$ 和 $Q_{ij} + \delta Q_{ij}$。这时 φ_j、ε_j 和 ρ_j 保持不变，因此，Q_{ji} 和 $\boldsymbol{E}_j$ 不变。将扰动代入式（5-19）～式（5-21）可得：

$$\int_{\Omega} (\varphi_j \delta\rho_i - \rho_j \delta\varphi_i) \, \mathrm{d}v + \int_{\Omega} \delta\varepsilon_i \boldsymbol{E}_j \cdot (\boldsymbol{E}_i + \delta\boldsymbol{E}_i) \, \mathrm{d}v = -V_{\mathrm{E}} \delta Q_{ij} \tag{5-22}$$

当扰动 $\delta\varepsilon_i$ 和 $\delta\rho_i$ 足够小时，$\varphi'_i \triangleq \varphi_i + \delta\varphi_i$，$\boldsymbol{E}'_i \triangleq \boldsymbol{E}_i + \delta\boldsymbol{E}_i$ 可以写成泰勒级数形式：

$$
\begin{cases}
\varphi'_i = \varphi_i(\varepsilon_i + \delta\varepsilon_i,\ \rho_i + \delta\rho_i) \\[2mm]
= \varphi_i + \left(\dfrac{\partial}{\partial\varepsilon}\delta\varepsilon_i + \dfrac{\partial}{\partial\rho}\delta\rho_i\right)\varphi_i + o\left[(\delta\varepsilon_i)2 + (\delta\rho_i)2\right] \\[2mm]
-\boldsymbol{E}'_i = -\boldsymbol{E}_i(\varepsilon_i + \delta\varepsilon_i,\ \rho_i + \delta\rho_i) \\[2mm]
= \nabla\varphi_i + \nabla\left[\left(\dfrac{\partial}{\partial\varepsilon}\delta\varepsilon_i + \dfrac{\partial}{\partial\rho}\delta\rho_i\right)\varphi_i\right] + o\left[(\delta\varepsilon_i)2 + (\delta\rho_i)2\right]
\end{cases}
\tag{5-23}
$$

将式(5-22)代入式(5-21)，忽略高阶无穷小项得：

$$
-V_{\mathrm{E}}\delta Q_{ij} = \int_{\Omega}\varphi_j\delta\rho_i\mathrm{d}v + \int_{\Omega} -\rho_i\left[\left(\delta\varepsilon_i\frac{\partial}{\partial\varepsilon} + \delta\rho_i\frac{\partial}{\partial\rho}\right)\varphi_i\right]\mathrm{d}v \\
+ \int_{\Omega}\delta\varepsilon_i\left\{\nabla\varphi_i\cdot\nabla\varphi_j + \nabla\varphi_j\cdot\nabla\left[\left(\delta\varepsilon_i\frac{\partial}{\partial\varepsilon} + \delta\rho_i\frac{\partial}{\partial\rho}\right)\varphi_i\right]\right\}\mathrm{d}v
\tag{5-24}
$$

为了满足 ECT 算法的基本假设(敏感场内的静电场几乎与介质分布无关)，$\delta\varphi_i$ 和 $\delta\boldsymbol{E}_i$ 要趋于 0，即：

$$
\begin{cases}
\delta\varphi_i \approx \left(\dfrac{\partial}{\partial\varepsilon}\delta\varepsilon + \dfrac{\partial}{\partial\rho}\delta\rho\right)\varphi_i \to 0 \\[2mm]
-\delta\boldsymbol{E}_i \approx \nabla\left[\left(\dfrac{\partial}{\partial\varepsilon}\mathrm{d}\varepsilon + \dfrac{\partial}{\partial\rho}\mathrm{d}\rho\right)\varphi_i\right] \to 0
\end{cases}
\tag{5-25}
$$

因此，式(5-24)可以进一步简化为：

$$
\delta Q_{ij} = -\frac{1}{V_{\mathrm{E}}}\left[\int_{\Omega}\varphi_j\delta\rho_i\mathrm{d}v + \int_{\Omega}\delta\varepsilon_i(\nabla\varphi_i\cdot\nabla\varphi_j)\mathrm{d}v\right]
\tag{5-26}
$$

当 $\delta\varepsilon_i$ 和 $\delta\rho_i$ 足够小时，式(5-26)变成了 $Q_{ij}(\varepsilon,\ \rho)$ 的全微分。式(5-26)表示感应电极上的感应电荷的变化，由介电常数分布和电荷分布两部分作用组成。

(1)电荷灵敏度系数。

电荷灵敏度系数(Sensitivity coefficient of charge，SCC)，由式 $s^{\rho}_{ij}(k)$ 表示，代表敏感区域单位体积(Ω_k)内电容变化量(δC_{ij})与电荷变化量($\delta\rho$)的比值：

$$
s^{\rho}_{ij}(k) = \frac{\delta C_{ij}}{\delta\rho} == \frac{\delta Q_{ij}}{V_{\mathrm{E}}\delta\rho} = -\frac{\displaystyle\int_{\Omega_k}\varphi_j\delta\rho\,\mathrm{d}v}{V_{\mathrm{E}}^2\delta\rho} \approx -\frac{v_k\,\varphi_j(x,\ y,\ z)\big|_{(x,\,y,\,z)\in\Omega_k}}{V_{\mathrm{E}}^2}
\tag{5-27}
$$

此时，介质介电常数保持不变，i 号电极为激励端，j 号电极为测试端，v_k 为 Ω_k 的体积。由于 Ω_k 比较小，所以认为 $\varphi_j\rho_i$ 在 Ω 和 Ω/Ω_k 中体积积分相等。

(2)介电常数灵敏度系数。

介电常数灵敏度系数(Sensitivity coefficient of permittivity，SCP)是传统意义上的灵敏度系数，由式 $s^{e}_{ij}(k)$ 表示，代表敏感区域内单位体积(Ω_k)内电容变化量(δC_{ij})与介电常数变化量($\delta\varepsilon$)的比值，可以表示为：

$$s_{ij}^{\varepsilon}(k) = \frac{\delta C_{ij}}{\delta \varepsilon} \approx - \frac{v_k \left(\nabla \varphi_i \cdot \nabla \varphi_j \right) \big|_{(x, y, z) \in \Omega_k}}{V_{\mathrm{E}}^2} \qquad (5-28)$$

（3）复合灵敏度系数。

复合灵敏度系数(complex sensitivity coefficient，CSC)，由式 $s_{ij}^c(k)$ 表示，同时考虑了介质电荷和介电常数分布对图像重建的贡献，它的物理意义是测量电容的变化量，由介质电荷和介质分布共同决定：

$$\delta C = S_{\varepsilon} g + S_{\rho} g = (S_{\varepsilon} + S_{\rho}) g \triangleq S_c g \qquad (5-29)$$

式中，S_c 为复合灵敏度系数矩阵；S_{ε} 为介电常数灵敏度系数矩阵；S_{ρ} 为电荷灵敏度系数矩阵。

2）复合灵敏度系数的仿真验证

为了验证所提出的复合灵敏度系数的有效性，在 Comsol Multiphysics 有限元软件上分别建立了 4 种不同介质分布(示例 1~示例 4)和 4 种不同带电情况(不带电及电荷密度分别为 $5 \times 10^{-9} \mathrm{C/m^3}$、$1 \times 10^{-8} \mathrm{C/m^3}$ 和 $5 \times 10^{-8} \mathrm{C/m^3}$)，成像区域划分为 60×60 个单元(3600 个像素点)。图像重构算法采用经典的 Landweber 迭代算法，与复合灵敏度系数方法与传统灵敏度系数方法的重构效果进行对比分析。图 5-13 和图 5-14 所示为图像重构效果(以不带电和电荷密度为 $1 \times 10^{-8} \mathrm{C/m^3}$ 的情况为例)。

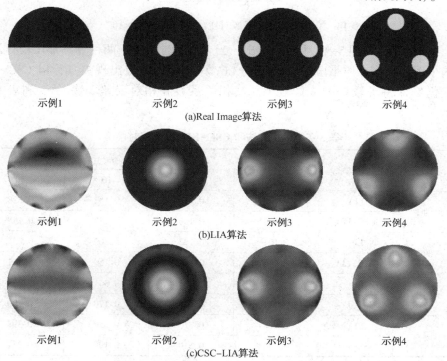

图 5-13　3 种算法重构图像对比(不带电)

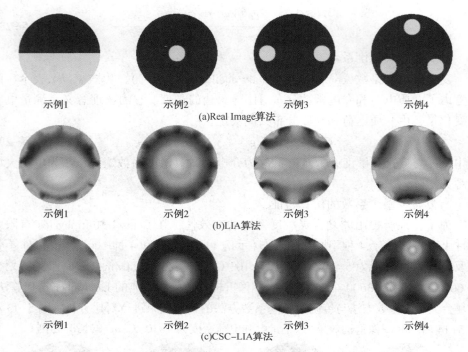

图 5-14　3 种算法重构图像对比(电荷密度为 $1×10^{-8}$C/m^3)

从图 5-13 和图 5-14 中可以看出，当介质不带电时，两种算法都比较有效地重构了图像；当介质带电时，传统的 LIA 算法重构图像出现失真，但 CSC-LIA 算法仍然保持了较好的成像效果。其相关系数和相对误差如表 5-5 和表 5-6 所示。

表 5-5　LIA 算法和 CSC-LIA 算法相对误差

介质分布	算法	电荷密度/(10^{-8}C/m^3)			
		0	5	10	50
示例 1	LIA	0.132	0.141	0.153	0.228
	CSC-LIA	0.128	0.136	0.147	0.140
示例 2	LIA	0.161	0.192	0.209	0.237
	CSC-LIA	0.166	0.181	0.159	0.131
示例 3	LIA	0.196	0.283	0.341	0.374
	CSC-LIA	0.199	0.138	0.170	0.199
示例 4	LIA	0.228	0.312	0.350	0.398
	CSC-LIA	0.255	0.219	0.190	0.212

表 5-6　LIA 算法和 CSC-LIA 算法相关系数

介质分布	算法	电荷密度/（10^{-8}C/m³）			
		0	5	10	50
示例 1	LIA	0.741	0.726	0.640	0.460
	CSC-LIA	0.727	0.710	0.707	0.726
示例 2	LIA	0.622	0.610	0.603	0.598
	CSC-LIA	0.617	0.612	0.798	0.848
示例 3	LIA	0.729	0.622	0.548	0.375
	CSC-LIA	0.685	0.820	0.809	0.670
示例 4	LIA	0.701	0.584	0.450	0.363
	CSC-LIA	0.692	0.799	0.726	0.705

结果证明，当粒子携带一定电荷时，CSC-LIA 算法在图像重构方面具有较高的可靠性和稳定性。

3）复合灵敏度系数的实验验证

同样在图 5-10 所示的实验平台上对复合灵敏度系数进行验证，毛刷不接触和接触橡胶带分别代表皮带带电和不带电（或带电量多和带电量少）。重构结果如图 5-15 所示。

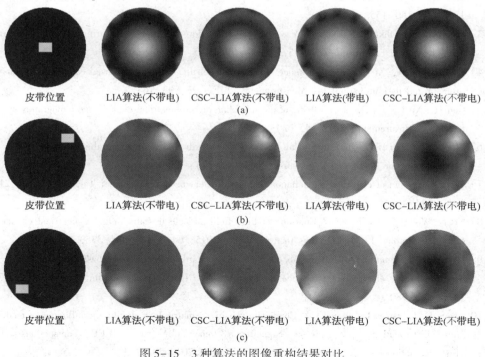

图 5-15　3 种算法的图像重构结果对比

相关系数和相对误差如表 5-7 所示。

表 5-7　3 种算法相关系数和相对误差

示例	相关系数				相对误差			
	不带电		带电		不带电		带电	
	LIA 算法	CSC-LIA 算法	LIA 算法	CSC-LIA 算法	LIA 算法	CSC-LIA 算法	LIA 算法	CSC-LIA 算法
1	0.560	0.546	0.453	0.606	0.221	0.243	0.347	0.219
2	0.667	0.672	0.463	0.628	0.183	0.190	0.314	0.182
3	0.611	0.632	0.457	0.621	0.174	0.185	0.302	0.178

通过图 5-15 可知，与 LIA 算法的重建图像相比，CSC-LIA 算法的重建图像具有更清晰的边界，并可以有效消除电荷效应对 ECT 图像重建的影响。表 5-7 中数据进一步证明了 CSC-LIA 算法的有效性。

参 考 文 献

[1] Matsusaka S, Masuda H. Electrostatics of particles[J]. Advanced Powder Technology, 2003, 14(2): 143-166.

[2] Matsusaka S, Oki M, Masuda H. Bipolar charge distribution of a mixture of particles with different electrostatic characteristics in gas-solids pipe flow[J]. Powder Technology, 2003, 135/136: 150-155.

[3] Kanazawa S, Ohkubo T, Nomoto Y, et al. Electrification of a pipe wall during powder transport [J]. Journal of Electrostatics, 1995, 35(1): 47-54.

[4] Li J, Kong M, Xu C, et al. Influence of particle electrification on AC-based capacitance measurement and its elimination[J]. Measurement, 2015, 76: 93-103.

[5] Gao H, Xu C, Fu F, et al. Effects of particle charging on electrical capacitance tomography system[J]. Measurement, 2012, 45 (3): 375-383.

[6] Wang X X, Hu H L, Jia H Q, et al. An AST-ELM method for eliminating the influence of charging phenomenon on ECT[J]. Sensors, 2017, 17(12): 2863.

[7] Yang W. Design of electrical capacitance tomography sensors[J]. Meas. Sci. Technol, 2010, 21 (4): 447-453.

[8] Ye J, Wang H, Li Y, et al. Coupling of fluid field and electrostatic field for electrical capacitance tomography[J]. IEEE Trans Instrum Meas, 2015, 64(12): 3334-3353.

[9] Mirkowski J, Smolik W T, Yang M, et al. A new forward-problem solver based on a capacitor-mesh model for electrical capacitance tomography[J]. IEEE Trans Instrum Meas, 2008, 57 (5): 973-980.

[10] Tang K H, Hu H L, Wang X X. Composite sensitivity matrix for reducing the influence of medium electrification on electrical capacitance tomography [J]. IEEE Transactions on Instrumentation and Measurement. Doi: 10.1109/TIM.2019.2910343.

[11] Chen X, Hu H, Liu F, et al. Image reconstruction for an electrical capacitance tomography system based on a least-squares support vector machine and a self-adaptive particle swarm optimization algorithm[J]. Measurement Science & Technology, 2011, 22 (10): 104008.

[12] Marashdeh Q, Warsito W, Fan L S, et al. A nonlinear image reconstruction technique for ECT using a combined neural network approach[J]. Measurement Science & Technology, 2006, 17 (8): 2097.

[13] Warsito W, Fan L S. Neural network based multi-criteria optimization image reconstruction technique for imaging two- and three-phase flow systems using electrical capacitance tomography [J]. Measurement Science & Technology, 2001, 12 (12): 2198.

[14] 吴新杰, 李红玉, 梁南南. 卷积神经网络在 ECT 图像重建上的应用[J]. 辽宁大学学报 (自然科学版), 2018, 45(1).

[15] Huang G B, Zhu Q Y, Siew C K. Extreme learning machine: a new learning scheme of feedforward neural networks[C], IEEE International Joint Conference on Neural Networks, Budapest, Hungary, 2004: 985-990.

[16] Huang G B, Zhu Q Y, Siew C K. Extreme learning machine: Theory and applications [J]. Neurocomputing, 2006, 70 (1-3): 489-501.

[17] Huang G B, Chen Y Q, Babri H A. Classification ability of single hidden layer feedforward neural networks[J]. IEEE Transactions on Neural Networks, 2000, 11 (3): 799-801.

[18] Huang G B. An insight into extreme learning machines: random neurons, random features and kernels[J]. Cognitive Computation, 2014, 6 (3): 376-390.

[19] Huang G B, Zhu Q Y, Siew C K. Extreme learning machine: theory and applications[J]. Neurocomputing, 2006, 70 (1-3): 489-501.

[20] Huang G B, Zhou H, Ding X, et al. Extreme learning machine for regression and multiclass classification[J]. IEEE Transactions on Systems Man & Cybernetics Part B Cybernetics A Publication of the IEEE Systems Man & Cybernetics Society, 2012, 42 (2): 513-529.

[21] Landweber L. An iteration formula for fredholm integral equations of the first kind[J]. American Journal of Mathematics, 1951, 73 (3): 96-104.

[22] Hanke M, Neubauer A, Scherzer O. A convergence analysis of the Landweber iteration for nonlinear ill-posed problems[J]. Numer Math 1995; 72(1): 21-37.

[23] Scherzer O. Convergence criteria of iterative methods based on Landweber iteration for solving nonlinear problems[J]. Journal of Math Anal&Appl 1995, 194(3): 911-933.

[24] Liu X, Wang X, Hongli H, et al. An extreme learning machine combined with Landweber iteration algorithm for the inverse problem of electrical capacitance tomography[J]. Flow Measurement & Instrumentation, 2015, 45 (5): 348-356.

[25] 毛明旭, 叶佳敏, 王海刚, 等. 基于稀疏正则化的内外置电极电容层析成像[J]. 中南大学学报(自然科学版), 2016, 47 (5): 1774-1781.

[26] 刘骁, 王小鑫, 胡红利, 等. 改进型离线迭代在线重构算法的电容层析成像技术研究 [J]. 西安交通大学学报, 2014, (4): 35-40.

[27] Li L, Wang X, Hu H, et al. Use of double correlation techniques for the improvement of rota-

tion speed measurement based on electrostatic sensors[J]. Measurement Science & Technology, 2016, 27 (2): 025004.

[28] Geselowitz D B. An application of electrocardiographic lead theory to impedance plethysmography [J]. IEEE Transactions on Biomedical Engineering, 2008, 18(1): 38-41.

[29] Lu G, Peng L, Zhang B, et al. Preconditioned Landweber iteration algorithm for electrical capacitance tomography [J]. Flow Measurement and Instrumentation, 2005, 16 (2 – 3): 163-167.

[30] Yang W Q, Spink D M, York T A, et al. An image – reconstruction algorithm based on Landweber's iteration method for electrical-capacitance tomography[J]. Measurement Science & Technology, 1999, 10(11): 1065.

[31] Liu X, Wang X X, Hu H L, et al. An extreme learning machine combined with Landweber iteration algorithm for the inverse problem of electrical capacitance tomography[J]. Flow Measurement & Instrumentation, 2015, 45(5): 248-356.

第6章 基于电容层析成像技术的流型识别及相含率测量

第1节 基于电容层析成像技术重构图像的流型识别

流型是反映气固两相流本质的基本特征之一，流型的变化会引起两相流系统的流动特性、传质和传热的变化，直接影响工业过程中气力输送或气固反应系统的稳定性、安全性、经济性及节能减排效果。例如，在气力输送管道中要尽量避免沉积流易造成管道堵塞的情况，或者在输送过程中需要某些特定的流型来减少管道磨损。此外，流型的正确识别结果也是两相流其他参数(分相浓度、流速、流量、密度和压降等)准确测量的先决条件。流体各流动参数在不同流型下的关系是不一样的，某种检测方法在某一流型下的测量精度，在另一种流型下不一定能达到。因此，流型的准确识别是工业过程安全稳定运行的保证，也是其他多相流参数准确测量的基础。

本章着重分析电容层析成像技术(ECT)的流型识别及相含率测量。其实，ECT 本身就属于流型识别的一种特殊形式，它可用于实现管道内部流动状态可视化，即流型可视化。利用 ECT 识别流型，就是在 ECT 重构图像的基础上，对典型的流型图像进行简单的预处理，使图像对比更加鲜明，噪声尽量减少，以利于用特征提取。然后，应用灰度直方图统计、灰度共生矩阵等方法对流型图片进行特征提取，组成特征向量。最后，将特征向量输入神经网络或者支持向量机等分类模型，达到流型识别的目的。基于 ECT 的两相流流型识别流程如图 6-1 所示，通常识别率高达 90% 以上。

1. ECT 图像获取及预处理

为了从重构图像中获得更有效的信息用于流型识别，降低噪声的影响，需对重构图像进行预处理。借鉴数字图像处理技术，通常采用中值滤波技术和对比度拉伸技术等进行预处理。

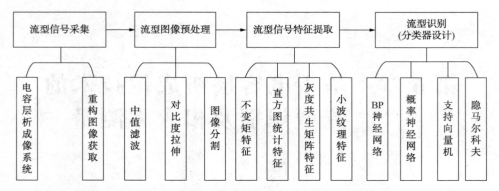

图 6-1 基于 ECT 的两相流流型识别流程图

1）中值滤波技术

中值滤波技术是以像素（在中值计算中包括的原像素值）领域内灰度的中值代替该像素的值，其表达式为：

$$f(x, y) = \underset{(s, t) \in S_{xy}}{\text{median}} \{ g(s, t) \} \qquad (6-1)$$

式中，$g(s, t)$ 为区域中被干扰的图像；S_{xy} 为中心在点 (x, y) 处的矩形子图像窗口的坐标组；$f(x, y)$ 为在点 (x, y) 处复原图像的灰度值。

针对一定类型的随机噪声，中值滤波器具有优秀的去噪能力，模糊程度明显低于小尺寸的线性平滑滤波器，可在滤除噪声的同时保证图像的清晰度。因此，中值滤波器在图像处理领域应用非常普遍。

2）对比度拉伸技术

对比度拉伸技术的处理思路是提高图像处理时灰度级的动态范围，它对低对比图像有较好的修正作用。对比度拉伸函数的形式为：

$$s = T(r) = \dfrac{1}{1 + \left(\dfrac{m}{r}\right)^{E}} \qquad (6-2)$$

式中，r 为输入图像的亮度；s 为输入图像中的亮度值；E 为控制该函数的斜率。

对比度拉伸变换如图 6-2 所示，它可将输入值低于 m 的灰度级压缩至输出图像中轻暗灰度级的较窄范围内；类似地，也可将输入值高于 m 的灰度级压缩至输出图像中较亮灰度级的较窄范围内。因此，能够输出具有高对比度的图像。

3）基于二维最大熵阈值分割的图像分割

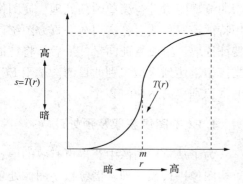

图 6-2 对比度拉伸变换示意图

为了从重构图像中获得更有效的信息用于流型识别，可利用二维最大熵阈值分割的图像分割技术，简单、有效地将图像中固相目标与背景分离，进而降低分类器输入特征量的复杂度，提高流型识别的效率及正确率。

图像分割是计算机视觉和图像理解的底层处理技术，在图像分析及模式识别中起着重要作用。阈值分割法因其结构简单、计算量小、性能稳定等优点，成为图像分割中用途很广泛的分割技术。目前，大多数方法都是通过图像的一维灰度直方图进行选择，但是当图像的信噪比递减时，采用这些方法将产生很多的分割错误。20世纪80年代末期，Abutaleb将Kapur提出的一维最大熵法推广至二维，该二维方法可同时考虑像素灰度值及其邻域平均灰度值。

二维最大阈值分割法利用图像中像素灰度值及其邻域平均灰度值分布所构成的二维直方图进行分割。假设一副图像大小为 $N \times M$，灰度级为 L，则图像的二维直方图可以表示为：

$$p_{i,j} = \frac{n_{i,j}}{N \times M} \tag{6-3}$$

式中，$i \geq 0$；$j \leq L-1$；$n_{i,j}$ 表示图像中灰度值为 i、临域灰度值为 j 的像素个数。二维灰度直方图如图6-3所示。

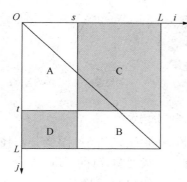

图6-3　二维直方平面图

区域A和区域B代表目标和背景，区域C和D代表边界和噪声。阈值向量 (s,t) 中，s 为像素的灰度值；t 为该像素的邻域均值。定义 P_A、P_B 为：

$$\begin{cases} P_A = \sum_{i=0}^{s-1} \sum_{j=0}^{t-1} p_{ij} \\ P_B = \sum_{i=s}^{L-1} \sum_{j=s}^{L-1} p_{ij} \end{cases} \tag{6-4}$$

因此，区域A的二维熵为：

$$\begin{aligned} H(\mathrm{A}) &= -\sum_{i=0}^{s-1} \sum_{j=0}^{t-1} (p_{ij}/P_A) \lg(p_{ij}/P_A) \\ &= (1/P_A) \lg P_A \sum_{i=0}^{s-1} \sum_{j=0}^{t-1} p_{ij} - (1/P_A) \sum_{i=0}^{s-1} \sum_{j=0}^{t-1} p_{ij} \lg p_{ij} \\ &= \lg P_A + H_A/P_A \end{aligned} \tag{6-5}$$

同理，区域B的二维熵为：

$$H(\mathrm{B}) = \lg P_B + H_B/P_B \tag{6-6}$$

式中，$H_A = -\sum_{i=0}^{s-1} \sum_{j=0}^{t-1} p_{ij} \lg p_{ij}$；$H_B = -\sum_{i=s}^{L-1} \sum_{j=t}^{L-1} p_{ij} \lg p_{ij}$。

因此，熵判别函数可以表示为：

$$\phi(s, t) = H(A) + H(B) \tag{6-7}$$

最佳阈值向量 (s, t) 应该满足：

$$\phi(s, t) = \max\{\phi(s, t)\} \tag{6-8}$$

从式(6-8)可知，需要大量的计算来搜索最佳阈值，为了简化这一问题，可以采用遗传算法(GA)、微粒群算法(PSO)等进行寻优，提高算法的实时性。本小节以 PSO 算法为例进行分析。

在第 5 章所述的 ECT 重构图像的基础上，选取 3 种气固两相流典型流型(层流、绳流及均匀流)进行分析，每种流型列举两个图像，其图像分割效果如图 6-4 所示。

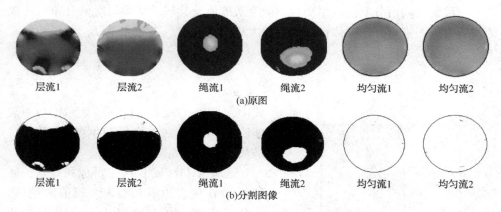

图 6-4　不同流型的 ECT 重构图像分割效果

图 6-4 中，原图颜色由蓝到黄表示固相浓度逐渐增加，经过图像分割技术后，图像里的目标和背景分离得更加清晰，更有利于灰度图统计特征的提取。其中，6 幅图像的最佳阈值向量分别是(143，145)，(141，143)，(163，165)，(161，158)，(108，106)，(109，111)。

2. ECT 流型图像的特征提取

为了进行流型识别，通常需要把图像从测量空间变换到维数大大减少的特征空间，被识别图像在这个特征空间中就由一个特征向量来表示。常用于提取的图像特征包括灰度直方图、不变矩、灰度共生矩、小波变化和小波包变换等。

1) 基于不变矩的流型图像特征提取

矩是一种非常重要的表示目标总体形状的特征量，常用于模式识别中，二维图形的几个关键特征(如图像的大小、中心和旋转情况等)均与矩相关。由于不变矩概念清晰、识别率稳定，对具有旋转和缩放变化的目标有良好的不变性和抗干扰性，因此，能有效反映图像的本质特征。目前，通常选择仿射不变矩和 NMI (Normalized Moment of Inertia)特征作为图像模式识别的特征。

（1）仿射不变矩特征提取。

仿射不变矩是指目标图像经过平移、旋转及比例变换后，其矩特征量仍然保持不变。二维图像用 $f(x, y)$ 表示，其 $(p+q)$ 阶矩定义为：

$$m_{pq} = \sum_x \sum_y x^p y^p f(x, y) \tag{6-9}$$

式中，$p, q = 0, 1, 2, \cdots$。

$(p+q)$ 中心矩定义为：

$$u_{pq} = \sum_x \sum_y (x - x_0)^p (y - y_0)^q f(x, y) \tag{6-10}$$

式中，$x_0 = m_{10}/m_{00}$，$y_0 = m_{01}/m_{00}$。

二维图像中，x_0 为图像灰度在水平方向上的灰度重心；y_0 为图像灰度在垂直方向上的灰度重心。

$(p+q)$ 规范化中心矩的定义为：

$$\eta_{pq} = \frac{u_{pq}}{u_{00}^r} \tag{6-11}$$

式中，$r = (p+q)/2 + 1$；$p, q = 0, 1, 2, \cdots$，且 $p + q = 2, 3 \cdots$。

利用二阶和三阶规范化中心矩可以推导出 7 个不变矩组：

$$\phi_1 = \eta_{20} + \eta_{02}$$

$$\phi_2 = (\eta_{20} - \eta_{02})^2 + 4\eta_{11}^2$$

$$\phi_3 = (\eta_{20} - 3\eta_{12})^2 + (^3\eta_{21} - \eta_{03})^2$$

$$\phi_4 = (\eta_{30} + 3\eta_{12})^2 + (\eta_{21} + \eta_{03})^2$$

$$\phi_5 = (\eta_{30} - 3\eta_{12})(\eta_{30} + \eta_{12})[(\eta_{30} + \eta_{12})^2 - 3(\eta_{21} + \eta_{03})^2] +$$
$$3(\eta_{21} - \eta_{03})(\eta_{21} + \eta_{03})[3(\eta_{30} + \eta_{12})^2 - (\eta_{21} + \eta_{03})^2]$$

$$\phi_6 = (\eta_{20} - \eta_{02})[(\eta_{30} + \eta_{12})^2 - (\eta_{21} + \eta_{03})^2] +$$
$$4\eta_{11}(\eta_{30} + \eta_{12})(\eta_{21} + \eta_{03})$$

$$\phi_7 = (3\eta_{21} - \eta_{03})(\eta_{30} + \eta_{12})[(\eta_{30} + \eta_{12})^2 - 3(\eta_{21} + \eta_{03})^2] +$$
$$(3\eta_{12} - \eta_{30})(\eta_{21} + \eta_{12})[3(\eta_{30} + \eta_{03})^2 - (\eta_{21} + \eta_{03})^2] \tag{6-12}$$

Hu 在 1962 年已证明式(6-12)中的 7 个矩组对图像的平移、缩放、镜像和旋转变化均不敏感。

（2）NMI 特征提取。

NMI 特征识别是以计算图像的归一化转动惯量为不变特征进行目标识别的方法。定义灰度图像 $f(x, y)$ 的质心 (cx, cy) 为：

$$cx = \frac{\sum_{x=1}^{M} \sum_{y=1}^{N} x f(x, y)}{\sum_{x=1}^{M} \sum_{y=1}^{N} f(x, y)} \tag{6-13}$$

$$cy = \frac{\sum\limits_{x=1}^{M} \sum\limits_{y=1}^{N} yf(x, y)}{\sum\limits_{x=1}^{M} \sum\limits_{y=1}^{N} f(x, y)} \tag{6-14}$$

式中，质心 (cx, cy) 为图像灰度的重心。

图像围绕质心 (cx, cy) 的转动惯量可记为：

$$
\begin{aligned}
J_{(cx+cy)} &= \sum_{x=1}^{M} \sum_{y=1}^{N} [(x, y) - (cx, cy)]^2 f(x, y) \\
&= \sum_{x=1}^{M} \sum_{y=1}^{N} [(x - cx)^2 + (y - cy)^2] f(x, y)
\end{aligned} \tag{6-15}
$$

根据图像的质心和转动惯量的定义，可以得出灰度图像绕质心 (cx, cy) 的归一化转动惯量（NMI）：

$$
\begin{aligned}
NMI &= \frac{\sqrt{J_{(cx, cy)}}}{m} \\
&= \frac{\sqrt{\sum\limits_{x=1}^{M} \sum\limits_{y=1}^{N} [(x - cx)^2 + (y - cy)^2] f(x, y)}}{\sum\limits_{x=1}^{M} \sum\limits_{y=1}^{N} f(x, y)}
\end{aligned} \tag{6-16}
$$

式中，$\sum\limits_{x=1}^{M} \sum\limits_{y=1}^{N} f(x, y) = m$，为图像质量，代表图像所有灰度值之和。

2）基于灰度共生矩阵的流型图像特征提取

灰度共生矩阵常用来分析图像纹理特征，它建立在图像二阶组合条件概率密度函数的基础上。通过计算图像中有一定距离和一定方向的两像素点之间的灰度相关性，可反映图像在方向、相邻间隔、变化幅度及变化速度上的综合信息。通过灰度共生矩阵，可以分析图像的局部模式和排列规则，为流型识别提供有力依据。

灰度共生矩阵描述了图像中在 θ 方向上距离为 d 的一对像素分别具有灰度 i 和 j 的出现概率，记为 $p(i, j, d, \theta)$。其中，θ 有 4 种情况：0°、45°、90° 和 135°。常用的 4 种方向的位置关系如图6-5所示。

像素对 $I(k, l) = i$ 和 $I(m, n) = j$ 在这 4 个方向的出现概率如下：

$$p(i, j, d, 0°) = \#\{[(k, l), (m, n)] \mid k - m = 0, \mid l - n \mid = \mid D_y,$$
$$I(k, l) = i, I(m, n) = j\}$$

$$\tag{6-17}$$

$$p(i, j, d, 45°) = \#\{[(k, l), (m, n)] \mid (k - m = \mid D_x \mid, l - n = - \mid D_y \mid,$$
$$\text{或} k - m = - \mid D_x \mid, l - n = \mid D_y \mid), I(k, l) = i, I(m, n) = j\}$$

$$\tag{6-18}$$

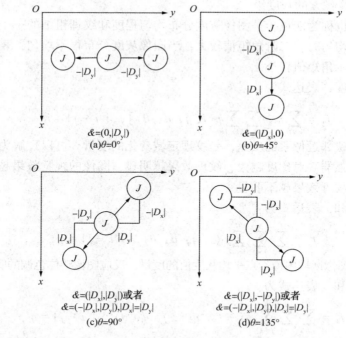

图 6-5 常用的四种方向的位置关系

$$p(i, j, d, 90^\circ) = \#\{[(k, l), (m, n)] \mid |k - m| = |D_x|, l - n = 0,$$
$$I(k, l) = i, I(m, n) = j\}$$

(6-19)

$$p(i, j, d, 135^\circ) = \#\{[(k, l), (m, n)] \mid (k - m = |D_x|, l - n = |D_y|,$$
$$或 k - m = -|D_x|, l - n = -|D_y|, I(k, l) = i, I(m, n) = j\}$$

(6-20)

式中，#表示在该集合中的元素数目；$I(k, l)$ 和 $I(m, n)$ 表示在图像 I 上的 (k, l) 和 (m, n) 坐标处的灰度值。

可以看到，这些矩阵是对称的，即：

$$p(i, j, d, \theta) = p(j, i, d, \theta)$$ (6-21)

灰度共生矩阵中，d 和 θ 的选取是至关重要的，针对不同的图像，它们的取值不同，随着纹理结构的变化而变化。

常用于流型识别的特征量有二阶角矩、对比度、均值和及方差和等。各参数所表征的纹理意义和变化规律如下：

（1）二阶角矩，表达式为：

$$f_1 = \sum_{i=1}^{G} \sum_{j=1}^{G} p(i, j, d, \theta)$$ (6-22)

式中，G 为图像像素的灰度级。

二阶角距也称为能量，是图像灰度分布均匀程度和纹理粗细的一个度量。当图像较细致、均匀时，二阶角矩值较大；当图像灰度分布很不均匀，表面呈现粗糙特性时，二阶角矩值较小。

（2）对比度，表达式为：

$$f_2 = \sum_{r=0}^{G-1} n^2 \Big[\sum_{i=1}^{G} \sum_{j=1}^{G} p(i, j, d, \theta) \Big], \ |i-j| = r \qquad (6-23)$$

对比度反映邻近像素的反差，是纹理定域变化的度量，可以理解为图像的清晰度、纹理的强弱。对比度越大，纹理效果越明显，图像的视觉效果越清晰；对比度值越小，纹理效果越不明显。

（3）均值和，表达式为：

$$f_3 = \sum_{q=2}^{G} \sum_{i=1}^{G} \sum_{j=1}^{G} p(i, j, d, \theta), \ |i-j| = q \qquad (6-24)$$

均值和是图像区域内像素点平均灰度值的度量，反应图像整体色调的明暗深浅。

（4）方差和，表达式为：

$$f_4 = \sum_{q=2}^{G} \sum_{i=1}^{G} \sum_{j=1}^{G} (i-f_3)^2 p(i, j, d, \theta), \ |i-j| = q \qquad (6-25)$$

方差和是反映纹理变化快慢、周期性大小的物理量，其值越大则表明纹理周期越大。方差和的值因图像纹理的不同而有较大变异，可作为区分纹理的一个重要指标。

为获得旋转不变的纹理特征，需对灰度共生矩阵的结果进行适当处理。最简单的方法是获取同一幅图像的同一个特征参数值在 0°、45°、90° 和 135° 方向上的平均值，这样处理可以抑制方向分量，使得到的纹理特征与方向无关。

3）小波变换的流型图像特征提取

小波变换作为重要的信息处理技术，被广泛应用于模式识别与图像处理中。基于小波变换的图像纹理分析法是指通过母小波的伸缩和平移对函数或信号进行多尺度细化分析，利用小波变换系数提取纹理信息，在每个尺度上独立提取特征参数，将有效特征参数组合形成一个特征向量，具有不同纹理特征的图像对应不同的特征向量，从而实现图像的分类。

小波变换定量地表示了信号与小波函数系中的每个小波相关或相近的程度。$\forall \psi(t) \in L^2(R)$，那么，若 $\psi(t)$ 的傅里叶变换 $\hat{\psi}(\omega)$ 满足条件：

$$\int_R \frac{|\hat{\psi}(\omega)|^2}{|\omega|} d\omega < \infty \qquad (6-26)$$

则称 $\psi(t)$ 为母小波，信号 $x(t)$ 为平方可积信号。对于给定的母小波 $\psi(t)$，$x(t)$ 的连续小波变换数学表达式为：

$$WT_x(a, b) = \langle x(t), \psi_{a, b}(t) \rangle = \int_R x(t) \psi_{a, b}^*(t) dt$$

$$= \frac{1}{\sqrt{a}} \int_R x(t) \psi^* \left(\frac{t-b}{a} \right) \mathrm{d}t \tag{6-27}$$

$WT_x(a, b)$ 是信号 $x(t)$ 依赖于母小波 $[\psi(t)]$ 及伸缩因子 (a) 和平移因子 (b) 的连续小波变换。其中，a 和 b 均可以连续取值，$\psi_{a,b}^*(t)$ 是 $\psi_{a,b}(t)$ 的共轭函数，$\langle x(t), \psi_{a,b}(t) \rangle$ 表示 $x(t)$ 和 $\psi_{a,b}(t)$ 内积。

假设 j 为小波分解的级数，则第 j 级二维图像小波系数可以表示为：

$$c_{m,n}^{(j)} = \sum_{k,l} h_{k-2m} h_{l-2n} c_{k,l}^{j-1} \tag{6-28}$$

$$w_{m,n}^{(j,h)} = \sum_{k,l} h_{k-2m} g_{l-2n} c_{k,l}^{j-1} \tag{6-29}$$

$$w_{m,n}^{(j,v)} = \sum_{k,l} g_{k-2m} h_{l-2n} c_{k,l}^{j-1} \tag{6-30}$$

$$w_{m,n}^{(j,d)} = \sum_{k,l} g_{k-2m} g_{l-2n} c_{k,l}^{j-1} \tag{6-31}$$

式中，$c_{m,n}^{(j)}$ 为低频子图像的小波系数；$w_{m,n}^{(j,h)}$ 为水平高频子图像的系数；$w_{m,n}^{(j,v)}$ 为垂直高频子图像的系数；$w_{m,n}^{(j,d)}$ 为对角高频子图像的系数。

根据式（6-28）~式（6-31）可求得各子图像的小波系数，经过线性映射可得小波分解的各个子图像。然后，将有效特征参数组合形成一个特征向量，可用于实现流型识别。

4）基于灰度直方图的流型图像特征提取

灰度图像会对应于一定概率分布的灰度直方图，因此，可以通过对比不同图像的灰度直方图的特征相似性来区分不同图像。流型图像的灰度直方图相似性，可以通过统计特征量来进行度量。这些统计特征量能够较好地区分不同的灰度直方图，从而区分流型图像，可以用来构成流型图像的特征向量。

取灰度直方图的均值、标准偏差、平滑度、三阶矩及一致性共 5 种统计特征作为流型识别的特征向量。它们的表达式分别为：

（1）均值：

$$m = \sum_{i=0}^{L-1} z_i p(z_i) \tag{6-32}$$

（2）标准偏差：

$$\sigma = \sqrt{\sum_{i=0}^{L-1} (z_i - m)^2 p(z_i)} \tag{6-33}$$

（3）平滑度：

$$R = 1 - 1/1 + \sigma^2 \tag{6-34}$$

（4）三阶矩：

$$u_3 = \sum_{i=0}^{L-1} (z_i - m)^3 p(z_i) \tag{6-35}$$

（5）一致性：

$$U = \sum_{i=0}^{L-1} p^2(z_i) \qquad\qquad (6-36)$$

式中，z_i 为 i 点的灰度值；$p(z_i)$ 为该灰度值出现的概率。

对图 6-4 中分割图像的灰度直方图取以上 5 个统计特征构成流型图像的特征向量，部分参数值如表 6-1 所示。

表 6-1　流型图像的直方图统计特征参数

参数	流型					
	层流 1	层流 2	绳流 1	绳流 2	均匀流 1	均匀流 2
均值	0.407	0.414	0.301	0.3433	0.999	0.999
标准偏差	0.482	0.493	0.459	0.455	0.015	0.026
平滑度	0.189	0.195	0.174	0.174	2.096×10^{-4}	6.806×10^{-4}
三阶矩	0.052	0.042	0.084	0.071	-3.102×10^{-4}	-7.122×10^{-4}
一致性	0.525	0.515	0.579	0.569	0.999	0.999

从表 6-1 中可以看出，同一种流型下的灰度直方图的统计特征量具有较强的相似性，不同流型之间的统计特征量的相似性较差。因此，可以将这 5 个统计特征量组成特征向量用于分类器的输入。

3. 流型识别模型

流型特征提取后，需输入流型识别模型来实现流型的分类。常用的流型识别方法有 BP 神经网络、Elman 神经网络、概率神经网络、支持向量机及隐马尔可夫模型等。本章节以 BP 神经网络为例分析流型识别过程。

人工神经网络有很多模型，但目前应用最广、基本思想最直接、最容易被理解的是多层前馈神经网络及误差逆向传播学习算法（back-propagation，BP）。BP 神经网络作为经典的分类器，广泛应用于模式识别领域，它具有较强的非线性映射能力，高度自学习和自适应能力以及一定的容错能力。它最重要的作用是映射作用，能够把一组样本的输入/输出问题变为一个非线性优化问题。

1）BP 神经网络的结构

单隐层的典型 BP 神经网络拓扑结构如图 6-6 所示。

BP 神经网络的结构一般包括输入层、隐含层和输出层，网络的各层之间由输入层向输出层依次相互连接，并对连接进行加权，从而形成网络的拓扑结构。理论上已经证明，当隐含层神经元数目足够多时，具有如图 6-6 所示结构的 BP 神经网络可以以任意精度逼近任何一个具有有限间断点的非线性函数。基本 BP 算法包括信号的前向传播和误差的反向传播两个过程，即计算误差输出时按从输

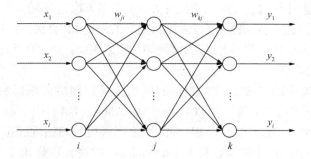

图 6-6　BP 神经网络拓扑结构

入到输出的方向进行，而调整权值和阈值则从输出到输入的方向进行。正向传播时，输入信号通过隐含层作用于输出节点，经过非线性变换，产生输出信号，若实际输出与期望输出不相符，则转入误差的反向传播过程。误差反传是将输出误差通过隐含层向输入层逐层反传，并将误差分摊给各层所有单元，以从各层获得的误差信号作为调整各单元权值的依据。通过调整输入节点与隐层节点的联结强度和隐层节点与输出节点的联结强度及阈值，使误差沿梯度方向下降。经过反复学习训练，确定与最小误差相对应的网络参数（权值和阈值），训练即告停止。此时，经过训练的神经网络即能对类似样本的输入信息，自行处理并输出误差最小的经过非线性转换的信息。

传统 BP 神经网络存在收敛速度慢和目标函数存在局部极小的问题，在实际应用中通常会结合一些优化算法来克服这两个问题。

2）学习率自适应优化算法

（1）可以采用反对称函数代替常用的 Sigmoid 函数，其中，最常用的是双曲正切函数，表达式为：

$$f(v) = a\tan(bv) = \frac{2a}{1 + \exp(-bv)} - a \tag{6-37}$$

通常取 $a = 1.716$，$b = 0.667$。使用该激励函数时的收敛速度通常比 Sigmoid 函数快。

（2）加动量项，学习步长 η 的选择很重要，过大会引起不稳定，过小则收敛速度会变慢。因此，可以考虑加动量项解决这一矛盾，即：

$$\Delta w_{ij}(n) = -\eta \delta_j o_i + \alpha \Delta w_{ij}(n-1) \tag{6-38}$$

式中，$0 < \alpha < 1$，第一项为 BP 算法的修正量，第二项为动量项。这方法在保证算法稳定的同时，加快了收敛速度。

（3）在基本的 BP 算法中，学习率是固定不变的。实际学习率对收敛速度的影响很大，因此，学习速率的在线调整可以大大提高收敛速率。表达式为：

$$\alpha(k+1) = \begin{cases} k_{\text{inc}}\alpha(k), & E(k+1) < E(k) \\ k_{\text{dec}}\alpha(k), & E(k+1) > E(k) \end{cases} \tag{6-39}$$

式中，k_{inc} 为增量因子；k_{dec} 为减量因子；$E(k)$ 为第 k 次运算局部误差。

综合以上 3 个改进算法提出了学习率自适应的动量 BP 算法，该算法自适应于系统误差及误差曲面变化，有利于提高 BP 网络的收敛速度，并避开局部极小点。

3）GA 优化算法

传统 BP 神经网络的初始连接权值和阈值选择对网络训练影响较大，不能保证收敛到全局最优点。遗传算法（Genetic Algorithms，GA）可以优化 BP 神经网络的初始权值和阈值，使优化后的 BP 神经网络能够更好地实现流型识别。

20 世纪 60 年代，美国密歇根大学的 Holland 教授首次提出了遗传算法理论。此后的数十年间，研究人员从数学理论、应用范围等方面对遗传算法展开了广泛研究。遗传算法作为进化算法中最重要的分支，应用到了函数拟合、自动控制、目标识别、机器学习等诸多领域之中。遗传算法是模拟生物种群中的自然选择、优胜劣汰机制而形成的一种全局搜索寻优方法。与机器学习的其他优化算法相比，遗传算法的优点为：从种群中的多个个体开始搜索，避免了其他算法从单个点开始搜寻的缺点；在整个搜寻的过程中，只需所有个体的适应度值（它们是由目标函数转换而来的），不需导数等辅助信息；是一种全局搜索方法，不会陷入局部最小值点。

（1）遗传算法基本思想。

因为遗传算法是将生物学中的遗传学与计算机技术结合起来而形成的一种理论，所以遗传算法中会出现一些生物学中的术语。以下是遗传算法中常用的专业术语及其解释。

① 种群：选定的若干解的集合，解的个数为种群的规模大小。

② 个体：解集合中的一个解。

③ 染色体：解的编码。

④ 基因：解的编码中的一个分量。

⑤ 基因位：解的编码中的分量所处的位置。

⑥ 等位基因：解集合中等基因位的分量。

⑦ 复制：直接从种群中选择一个解进入下一代。

⑧ 选择：根据适应度选取的一个解。

⑨ 交叉：两个解按照一定的规则产生一个新的解。

⑩ 变异：解的某个分量发生变化。

遗传算法的基本思想是，随机给出待解决问题的若干解组成一个种群，然后对这个种群中的个体进行编码，即用数学上的方式来描述种群中的个体，以便计算机处理。随后，根据种群中个体的由目标函数计算得到的适应度值，通过一定的选择、交叉、变异遗传算子操作，进行反复迭代，使种群不断向更好的个体靠近，直到达到终止条件，最后得到种群的最优个体，即问题的最优解。从上述描述中可以看出，遗传算法的关键要素包括解的编码，目标函数的确定，选择、交叉和变异遗传算子类型，以及交叉变异概率的确定。其中，编码是对问题进一步研究的基础，目标函数是判别种群中个体优劣的唯一准则，而选择、交叉和变异遗传算子是种群进化必经的过程。

（2）遗传算法的流程及实施步骤。

遗传算法模拟生物种群中的个体进化过程，从染色体、基因等微观对象出发，将待求解问题的解映射至遗传空间，根据合适的遗传算子，不断地求取各个解的适应度值，直至找到最优解。用遗传算法求解实际问题的流程图如图 6-7 所示。

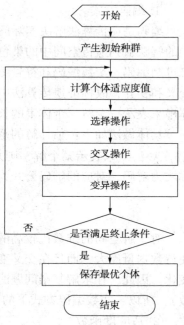

图 6-7 遗传算法流程图

具体实施步骤如下：

① 对个体进行编码产生初始种群。根据具体的实际问题，产生解的集合并对其编码，得到初始种群 $\{pop_i(t)\}$，$i = 1, 2, \cdots, M$，$t = 0$。其中，t 为迭代步数；M 为种群规模（即解集合中解的个数）。在标准遗传算法中，采用二进制方式对种群中的每个个体进行编码，编码长度为 L，得到种群中的第 i 个染色体编码为：

$$pop_i(t) = 100\cdots10, \quad t = 0, \quad i = 1, 2, \cdots, M \tag{6-40}$$

② 由适应度函数 fit 计算每个染色体的适应度值：

$$fit_i = fit[pop_i(t)] \tag{6-41}$$

③ 选择操作。每个染色体被选中的概率为：

$$p_i = fit_i / \sum_{i=1}^{M} fit_i \tag{6-42}$$

根据一定的选择操作准则，选出种群中适应度较高的染色体直接进入下一代，记作选择子代 $pop(t + 1)$，$pop(t + 1)$ 中的染色体个数为种群规模 M，而且允许 $pop(t + 1)$ 中有完全相同的染色体。

④ 交叉操作。从新的种群 $pop(t + 1)$ 中随机选择两个染色体 $pop_i(t + 1)$ 和 $pop_j(t + 1)$，对某个基因位进行交叉操作，得到两个新的染色体，用以取代产生它们的父代染色体 $pop_i(t + 1)$ 和 $pop_j(t + 1)$。

⑤ 变异操作。从交叉后的种群 $pop(t + 1)$ 中选择一个染色体，对其某个基因位做变异操作，至此得到了完整的新的种群 $pop(t + 1)$。

⑥ 检查是否达到了最大遗传代数。若是，则转至第⑦步；若否，则转至第②步。

⑦ 找出最终种群中适应度最大的染色体，并保存。

（3）遗传算法的关键要素及其实现。

由遗传算法的基本思想和它用于解决实际问题的步骤中可以看出，遗传算法中的重要因素包括编码方式、适应度函数、遗传算子等。

① 编码方式。

编码是遗传算法解决实际问题时首先要完成的步骤，它将实际问题的解空间中的解映射到遗传空间中的染色体，是进行遗传进化的基础。常用的编码方式有二进制编码、实数编码和符号编码等。因二进制编码和解码方式简单，易于实现交叉和变异，故标准遗传算法中采用二进制编码，即用二进制数 0 和 1 组成的个体串来表示一个解，个体串的长度会影响到求解的精度。

具体做法如下：估计解的范围为 $[X_{\min}, X_{\max}]$，用一个 L 位二进制的个体串 $b_L b_{L-1} \cdots b_2 b_1$ 来表示某个解，则总共有 2^L 个不同的编码。由编码得到解的数值，称之为解码，对应的解码公式为：

$$X = X_{\min} + \left(\sum_{k=1}^{L} b_k 2^{k-1} \right) \cdot \frac{X_{\max} - X_{\min}}{2^L - 1} \tag{6-43}$$

对于解空间的维数比较高的问题，如果用二进制编码方式对解进行编码，会使得数据量庞大，而且在交叉变异过程中，某个基因位的变化会使解发生很大的变化。因此，在求解复杂问题时，一般用实数编码（即染色体的各个基因都是实数），所以，实数编码方式下的染色体和个体是等同的。

② 适应度函数。

适应度函数影响着遗传算法的收敛性以及能否找到最优解。同时，适应度函数是评价染色体优劣的唯一标准，由适应度函数得到的适应度值可用于评价染色体进入下一代的能力——适应度值高的染色体，遗传下一代的概率也较大。适应度函数必须满足的条件有非负、单调函数，而且要求适应度函数的表达简单，这样可以降低计算量、节约存储空间，且通用性强。适应度函数是由具体问题的目标函数转化而来的，一般有两种转化方式：直接转换和间接转换。

a. 直接转换。对于目标函数最大值的问题，适应度函数为目标函数本身；对于目标函数最小值问题，适应度函数为目标函数取负值：

$$fit(x) = \begin{cases} f(x), & \text{目标函数为最大值问题} \\ -f(x), & \text{目标函数为最小值问题} \end{cases} \tag{6-44}$$

但是直接转换存在一个问题，即不能满足概率非负的问题。当目标函数为最小值问题且目标函数取值为正时，会出现负的适应度值，这与适应度函数的要求是相悖的。

b. 间接转换。间接转换是在估计目标函数取值界限（c）的基础上，对目标函数做如式（6-45）的转换，得到适应度函数。此处，估计目标函数的界限有一定难度：

$$fit(x) = \begin{cases} 1/[1 + c - f(x)], & \text{目标函数为最大值问题} \\ 1/[1 + c + f(x)], & \text{目标函数为最小值问题} \end{cases} \quad (6-45)$$

③ 遗传算子。

遗传算子是遗传算法中最重要的一部分，它包括 3 个算子：选择算子、交叉算子和变异算子。选择算子用于从当前种群中选择适应度值较大的染色体进入下一代；交叉算子对两个不同的父代染色体进行交叉操作，得到遗传了父代信息的两个子代染色体；变异算子对染色体的基因位进行变异得到新的染色体。遗传算子操作过程中的随机性，使得种群中的个体向着最优解靠近，即随机性中含有必然性。遗传算法寻优效果与 3 种遗传算子所遵循的准则、操作概率等密切相关。本小节对 3 种算子分别进行介绍（假定编码方式为实数编码）。

a. 选择算子。选择算子用于从当前种群中选择适应度值较高的染色体进入下一代。常用的选择方法有：轮盘赌法、随机竞争选择、最佳保留选择等。由于轮盘赌法相对于其他选择方法而言，使用的频率更高、效果更好，故使用轮盘赌法选择进入下一代的个体。具体实施过程为：

首先，计算每个个体的适应度值与所有个体适应度值之和的比值，并计算这些比值的累计和。然后，产生一组在群体的适应度范围内的随机数，并对这些随机数进行升序排序得到随机顺序数组。接着，在第一轮中取出随机顺序数组的第一个元素，如果第一个个体的累计和大于该元素，则第一个个体被选择进入下一代 $pop(t+1)$，新种群 $pop(t+1)$ 中个体的数目加 1；如果第一个个体的累计和小于该元素，则再比较后面的个体与该元素的大小，直到出现某个个体的累计和大于该元素，将此个体选入下一代 $pop(t+1)$。每一轮比较，都是从上一轮被选中的个体开始的。经过 M 轮后，得到最终的新的种群 $pop(t+1)$。

b. 交叉算子。交叉算子对两个不同的父代染色体进行交叉操作得到遗传了父代信息的两个子代染色体。交叉算子比选择算子简单一些，常用的交叉方法有单点交叉、多点交叉、算术交叉等。在实数编码中应使用算术交叉法。具体实施过程为：假设在第 t 步迭代中，种群 $pop(t+1)$ 中有两个父代个体 $pop_i(t+1)$ 和 $pop_j(t+1)$，对它们进行算术交叉后得到两个新的子代个体 $pop_i'(t+1)$ 和 $pop_j'(t+1)$，并用它们来取代父代个体：

$$pop_i'(t+1) = \alpha \cdot pop_i(t+1) + (1-\alpha)pop_j(t+1) \quad (6-46)$$

$$pop_j'(t+1) = (1-\alpha) * pop_i(t+1) + \alpha pop_j(t+1) \quad (6-47)$$

式中，α 为父代对子代贡献的权重，为随机数。

c. 变异算子。变异算子对染色体的基因位进行变异得到新的染色体。对于实数编码方式，通常采用非均匀突变，即对整个解向量在其空间内进行轻微变动。个体 $pop_k(t+1)$ 变异后为 $pop_k'(t+1)$：

$$pop_k'(t+1) = pop_k(t+1) \cdot \left[rand \cdot \left(1 - \frac{t+1}{mgen} \right) \right]^b \qquad (6\text{-}48)$$

式中，$rand$ 为一个随机数，$mgen$ 为最大迭代步数，b 为尺度因子。

④ 其他控制参数。遗传算法中其他需要控制的参数有种群规模、最大迭代步数、个体编码长度、交叉概率和变异概率，其中，交叉概率和变异概率指交叉和变异的个体数目与种群规模的比值。

交叉概率的取值一般为 0.2~0.8，交叉概率过大，原种群中的优良个体会被破坏；交叉概率过小，可能会使搜索处于停滞状态。变异概率的取值范围为 0.001~0.1，变异概率过大，就成了完全随机搜索；变异概率过小，抑制算法早熟的能力会变差。种群规模的建议取值范围为 10~200，规模过大会增大计算量，规模过小可能会引起早熟现象，得不到问题的最优解。对于实数编码方式来说，个体编码长度就是解的维数。最大迭代步数视具体情况而定，一般为 100~5000。

遗传算法作为进化算法中最重要的分支，应用到了函数拟合、自动控制、目标识别、机器学习等诸多领域之中，用遗传算法优化 BP 神经网络，就是遗传算法应用于机器学习的经典范例之一。其算法流程图如图 6-8 所示。

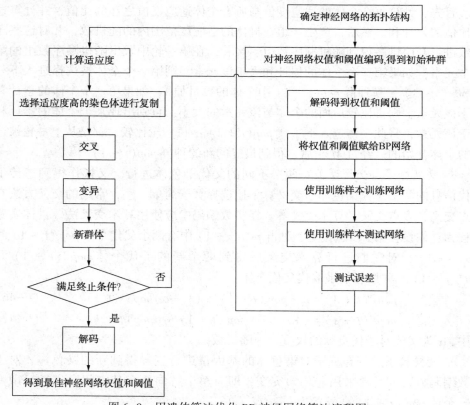

图 6-8　用遗传算法优化 BP 神经网络算法流程图

4. GA-BP 神经网络在流型识别中的应用

在获取 ECT 重构图像的前提下，以 GA 优化的 BP 神经网络为例，对其在 ECT 流型识别中的应用进行实验验证。对均匀流、绳流及层流 3 种流型共取 160 ×3 个样本，每种流型取 110 个样本作为训练，剩下的 50 个样本作为测试样本。提取 5 个特征参数作为遗传神经网络的输入，构造一个输入层节点数为 5、输出层节点数为 3、隐含层最佳节点数为 25 的遗传神经网络结构，输出层的目标向量 $Y=[\,100,\ 010,\ 001\,]$，分别对应均匀流、绳流、层流流型。初始种群取 60，遗传终止进化代数取 100，交叉概率和变异概率分别取 0.7、0.2，网络误差阈值设为 1×10^{-4}。GA 神经网络学习误差曲线如图 6-9 所示。

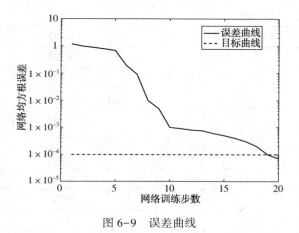

图 6-9　误差曲线

通过图 6-9 可以发现，网络基本在第 20 步就达到误差阈值并结束学习。以 50 组层流测试样本为例，其 BP 神经网络模型识别结果如表 6-2 所示。

表 6-2　层流识别结果

样本序号	$Y[\,1\,]$	$Y[\,2\,]$	$Y[\,3\,]$	结果
1	0.098	0.153	0.870	T
2	0.089	0.246	0.834	T
3	0.098	0.321	0.793	T
4	0.123	0.051	0.921	T
5	0.110	0.099	0.730	T
6	0.098	0.246	0.902	T
7	0.142	0.321	0.889	T
8	0.172	0.211	0.892	T
9	0.095	0.179	0.789	T

样本序号	$Y[1]$	$Y[2]$	$Y[3]$	结果
10	0.089	0.370	0.893	T
11	0.002	0.412	0.673	T
12	0.078	0.590	0.568	F
13	0.125	0.126	0.853	T
14	0.034	0.231	0.983	T
15	0.145	0.202	0.752	T
16	0.234	0.595	0.489	F
17	0.099	0.059	0.854	T
18	0.085	0.291	0.862	T
19	0.099	0.287	0.885	T
20	0.154	0.251	0.902	T
21	0.100	0.098	0.872	T
22	0.201	0.098	0.685	T
23	0.125	0.085	0.533	T
24	0.125	0.125	0.980	T
25	0.195	0.169	0.862	T
26	0.099	0.218	0.874	T
27	0.085	0.129	0.746	T
28	0.086	0.528	0.487	T
29	0.145	0.259	0.842	T
30	0.168	0.582	0.756	T
31	0.096	0.097	0.699	T
32	0.029	0.215	0.781	T
33	0.170	0.315	0.594	T
34	0.010	0.488	0.423	F
35	0.154	0.259	0.910	T
36	0.169	0.358	0.920	T
37	0.098	0.356	0.931	T
38	0.083	0.290	0.895	T
39	0.074	0.021	0.871	T
40	0.066	0.099	0.899	T
41	0.053	0.422	0.896	T

样本序号	$Y[1]$	$Y[2]$	$Y[3]$	结果
42	0.059	0.357	0.789	T
43	0.128	0.552	0.543	T
44	0.162	0.358	0.698	T
45	0.049	0.026	0.879	T
46	0.058	0.087	0.855	T
47	0.099	0.255	0.928	T
48	0.120	0.458	0.397	F
49	0.101	0.365	0.854	T
50	0.127	0.155	0.790	T

注：T—识别正确；F—识别错误。

50 个层流测试样本中有 46 个流型识别正确，4 个流型识别错误。以识别正确的第 1 组输出为例，输出向量[0.098, 0.153, 0.870]，对应向量[0, 0, 1]即层流，识别正确。以识别错误的第 12 组输出为例，输出向量[0.078, 0.590, 0.568]，对应向量[0, 1, 0]即绳流，识别错误。3 种流型共 150 组测量样本数据的识别结果如表 6-3 所示。

表 6-3　流型识别结果

测量流型	识别结果		
	均匀流	绳流	层流
均匀流(共 50 组)	50	0	0
绳流(共 50 组)	0	46	4
层流(共 50 组)	0	4	46

通过表 6-3 可知，均匀流的识别率为 100%，错误主要发生在层流与绳流，这个识别结果与各个流型之间的统计特征量有关，相比于均匀流，层流与绳流之间的统计特征量更相近，因此更容易引起错误识别。从流型识别的总体效果看，该方法识别正确率达 94.7%，总体识别效果较好。

第 2 节　基于电容层析成像技术的相含率测量

基于 ECT 的相含率测量是先利用 ECT 进行成像，再利用图像灰度实现相含率测量。以油水两相流的相含率测量为例，用管道截面处待定相的面积与管道截面积之比进行表示。油水两相流中，截面含水率的计算公式为：

$$\alpha = \frac{A_w}{A_w + A_o} \tag{6-49}$$

式中，A_w 为水的截面区域面积；A_o 为油的截面区域面积。

则通过重构图像计算截面含水率的公式为：

$$\alpha = \frac{\sum_0^n f_i}{M}, \quad n = 1, 2, \cdots, M \tag{6-50}$$

式中，f_i 为经最优阈值算法灰度处理后管道截面的像素值，其中，待定相的像素值为1，其余区域像素值为0；M 为管道截面的总像素个数。

采用基于压缩感知 CS 的 ECT 重构图像结果，分别选用含有 8mm、5mm、2mm3 种不同内径的待定相流型进行仿真，计算不同情况下的相含率，其成像结果如图 6-10 所示。

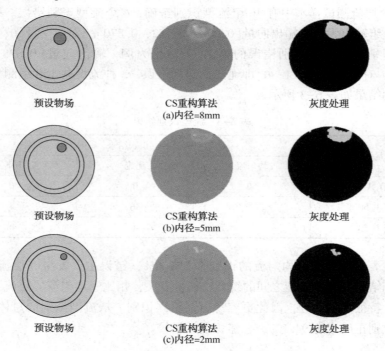

图 6-10　3 种不同情况下相含率重构图像对比

预设物场的实际分相含率分别设定为 10.24%、4%、0.64%，通过式(6-50)灰度处理后的重构图像计算得到 3 种分相含率的大小分别是 9.91%、3.61%、1.09%，相对误差分别是 3.22%、9.75%、70.31%。由图 6-10 中重构图像和分相含率计算结果可知，随着分相含率的减小，重构图像边界开始模糊，物场变形较严重。这极大影响了灰度处理中最优阈值算法求解的二值化阈值，从而导致分相含率的相对误差随着真实含率的减小而增大。

目前，基于 ECT 重构图像的相含率检测还处于探索阶段，该方法的测量精度很大程度上取决于 ECT 重构图像的精度，因此，提高 ECT 成像重构质量是相含率高效检测的重要前提。

参 考 文 献

[1] 周云龙，孙斌，李洪伟. 多相流参数检测理论及其应用[M]. 北京：科学出版社，2010.

[2] Xing L C, Yeung H, Shen J, et al. A new flow conditioner for mitigating severe slugging in pipeline/riser system[J]. International Journal of Multiphase Flow, 2013, 51 (51): 65-72.

[3] 谭超，董峰. 多相流过程参数检测技术综述[J]. 自动化学报，2013, 39 (11): 1923-1932.

[4] 阮秋琦. 数字图像处理学[M]. 北京：电子工业出版社，2001.

[5] 朱容. 基于脉冲耦合神经网络的图像分割方法的研究与实现[D]. 重庆：重庆师范大学，2013.

[6] Thierry P. A new method for gray-level picture thresholding using the entropy of the histogram[J]. Computer Vision Graphics & Image Processing, 1980, 29 (3): 273-285.

[7] Abutaleb A S. Automatic thresholding of gray-level pictures using two-dimensional entropy[J]. Computer Vision Graphics & Image Processing, 1989, 47 (1): 22-32.

[8] 陆建峰，李士进. 基于遗传算法的二维熵方法自动阀值[J]. 南京理工大学学报，1998, (2): 101-104.

[9] 周云龙，陈飞，孙斌. 基于图像不变矩特征的气液二相流流型识别[J]. 化学工程，2008, 36(8): 28-31.

[10] Hu M K. Visual pattern recognition by moment invariants[J]. Information Theory, IRE Transactions on, 1962, 8(2): 179-187.

[11] 杨小冈，付光远，缪栋，等. 基于图像 NMI 特征的目标识别新方法[J]. 计算机工程，2002(06): 157-159.

[12] 周云龙，陈飞，孙斌. 基于灰度共生矩阵和支持向量机的气液两相流流型识别[J]. 化工学报，2007(09): 86-91.

[13] Baraldi A, Parmiggiani F. An investigation of the textural characteristics associated with gray level cooccurrence matrix statistical parameters[J]. IEEE Transactions on Geoscience & Remote Sensing, 33(2): 293-304.

[14] 陈飞，周云龙，张学清，等. 基于图像小波变换的气液两相流型识别[C].// 吉林省电机工程学会学术年会，2008.

[15] 周云龙，陈飞，孙斌. 基于图像小波包信息熵和遗传神经网络的气-液两相流流型识别[J]. 核动力工程，2008(01): 117-122.

[16] 周云龙，陈飞，刘川. 基于图像处理和 Elman 神经网络的气液两相流流型识别[J]. 中国电机工程学报，2007, 27(29): 108-112.

［17］周云龙，李洪伟，孙斌. 基于数字图像处理技术的多相流参数检测技术［M］. 北京：科学出版社，2012：53-87.

［18］Rumelhart D, Mcclelland J. Learning internal representations by Error Propagation［M］, 1986.

［19］Huang GB, Chen YQ, Babri HA. Classification ability of single hidden layer feedforward neural networks［J］. IEEE Transactions on Neural Networks, 2000, 11 (3)：799-801.

［20］Adeli H, Cheng N T. Integrated genetic algorithms for optimization of space structures［J］. Journal of Aerospace Engineering, 1993, 6(4)：315-328.

［21］Whitley D, Starkweather T, Bogart C. Genetic algorithms and neural networks：optimizing connections and connectivity ［J］. Parallel Computing. 1990, 14(3)：347-361.

［22］马玉良，马云鹏，张启忠，等. GA-BP 神经网络在下肢运动步态识别中的应用研究［J］. 传感技术学报，2013，26(9)：1183-1187.

［23］唐晨晖，胡红利，王格，等. 压缩感知在 ECT 分相含率检测中的应用［J］. 西北大学学报(自然科学版)，2019，49(5)：698-704.

［24］Da M F R M, Pagano D J, Stasiak M E. Water volume fraction estimation in two-phase flow based on electrical capacitance tomometry［J］. IEEE Sensors Journal, 2018：1-1.

［25］陈德运，秦梅，于晓洋，等. 油/水两相流浓度电容层析成像的测量方法［J］. 测试技术学报，2006，20(1)：32-36.

第7章 基于耦合模型的相含率测量性能分析

对于电学法多相流参数检测系统，电学传感器的结构是影响测量系统性能优劣的关键因素之一。目前常采用静电场仿真或大量的实测实验来选择传感器结构及参数。然而，静电场仿真只能研究传感器的静态电学特征，并不能结合实际的多相流流动特性；且在实验验证时，静电场仿真需要消耗大量的人力、物力及时间来应对不同对象及应用条件。针对此问题，本章以常见的几种电容传感器结构为对象，提出一种简单通用的数值仿真方法，对传感器在不同应用对象和条件下进行性能评估及优化选型，从而为传感器选型提供重要参考，为后续系统研制、关键部件选型和算法设计提供参考依据，减少实际测试系统设计的盲目性。

第 1 节 耦合模型原理

由静电场的拉普拉斯方程及狄利克雷边界条件可得：

$$\begin{cases} \nabla \cdot D = 0 \\ E = -\nabla\varphi \end{cases}, \quad D = \varepsilon_0\varepsilon_r E \tag{7-1}$$

式中，D 为电位移；E 为电场强度分布；φ 为电势；ε_0 为真空介电常数；ε_r 为混合物的相对介电常数。

两相流场中，采用欧拉-欧拉瞬时模型来描述气固两相流实时动态流动。模型由连续性方程和动量方程表示。

连续性方程为：

$$\begin{cases} \dfrac{\partial}{\partial t}(\rho_c\phi_c) + \nabla \cdot (\rho_c\phi_c u_c) = 0 \\ \dfrac{\partial}{\partial t}(\rho_c\phi_c) + \nabla \cdot (\rho_d\phi_d u_d) = 0 \end{cases} \tag{7-2}$$

式中，ϕ_c 为连续相的含有率；ϕ_d 为离散相的含有率，且 $\phi_c = 1 - \phi_d$；ρ_c 为连续相的密度；ρ_d 为离散相的密度；u_c 为连续相速度；u_d 为离散相速度。

动量方程为：

$$\begin{cases} \rho_c \phi_c \left[\dfrac{\partial u_c}{\partial t} + u_c \nabla \cdot (u_c) \right] = -\phi_c \nabla pI + \nabla \cdot (\phi_c \tau_c) + \phi_c \rho_c g + F_{m,c} + \phi_c F_c \\[2mm] \rho_d \phi_d \left[\dfrac{\partial u_d}{\partial t} + u_d \nabla \cdot (u_d) \right] = -\phi_d \nabla pI + \nabla \cdot (\phi_d \tau_d) + \phi_d \rho_d g + F_{m,d} + \phi_d F_d \end{cases}$$

$$(7-3)$$

式中，p 为混合相的压力；τ_c 为连续相黏性应力张量；τ_d 为离散相黏性应力张量；g 为重力加速度；$F_m(F_{m,c}$ 及 $F_{m,d})$ 为两相之间的相互作用力；$F(F_c$ 及 $F_d)$ 为体积力；I 为单位向量。

$$\begin{cases} \tau_c = \mu_c \left[\nabla \cdot u_c + (\nabla \cdot u_c)^T - \dfrac{2}{3}(\nabla \cdot u_c)I \right] \\[2mm] \tau_d = \mu_d \left[\nabla \cdot u_d + (\nabla \cdot u_d)^T - \dfrac{2}{3}(\nabla \cdot u_d)I \right] \end{cases}$$

$$(7-4)$$

式中，μ_c 是连续相的动态黏滞度；μ_d 为离散相的动态黏滞度。

建立的三维耦合模型中，F 是电场力，且可以表示为：

$$F = \nabla \cdot T \tag{7-5}$$

$$T_{i,j} = \varepsilon_0 \varepsilon_r (E_i E_j - \frac{1}{2}\delta_{i,j} \mid E \mid^2) \tag{7-6}$$

式中，$\delta_{i,j}$ 为克罗内克符号，$\delta_{i,j} = \begin{cases} 0, & i \neq j \\ 1, & i = j \end{cases}$

$$T = \varepsilon_0 \varepsilon_r \begin{bmatrix} \dfrac{1}{2}(E_x^2 - E_y^2 - E_z^2) & E_x E_y & E_x E_z \\[3mm] E_x E_y & \dfrac{1}{2}(E_y^2 - E_x^2 - E_z^2) & E_y E_z \\[3mm] E_x E_z & E_y E_z & \dfrac{1}{2}(E_z^2 - E_x^2 - E_y^2) \end{bmatrix}$$

$$(7-7)$$

混合物的相对介电常数 (ε_r) 可以由 Maxwell-Garnett 方程表示为：

$$\varepsilon_r = \varepsilon_c \left[\frac{\varepsilon_d(1 + 2\phi_d) + 2\varepsilon_c(1 - \phi_d)}{\varepsilon_d(1 - \phi_d) + \varepsilon_c(2 + \phi_d)} \right] \tag{7-8}$$

式中，ε_d 和 ε_c 分别为固体(离散相)相对介电常数和气体(连续相)相对介电常数，该公式是耦合模型成功建立的关键。

第2节　传感器三维模型

基于静电场与流体场的耦合原理，在 Comsol 软件环境下建立 3 种常见的用于多相流相含率测量的单电容(一对电极)传感器耦合模型。每种传感器含有两片电极(电极片 1 和电极片 2)，电极采用参数化面形式构建，长度单位为 mm，电极半径即管道外半径 (r) 为 50mm，电极轴向长度(L) 为 160mm。

(1) 对壁式传感器：

$\theta \in (0, 120 \times 2\pi/360)$，$z \in (L - 80, L + 80)$；

电极片 1：$\begin{cases} x = r\cos\theta \\ y = r\sin\theta \\ z \end{cases}$；电极片 2：$\begin{cases} x = r\cos(\theta + \pi) \\ y = r\sin\theta(\theta + \pi) \\ z \end{cases}$。

(2) 螺旋式传感器：

$\theta \in (0, 2\pi)$，$\alpha \in (0, 100 \times \pi/360)$，$b = 28$；

电极片 1：$\begin{cases} x = r\cos\theta \\ y = r\sin\theta \\ z = b(\theta + \alpha) \end{cases}$；电极片 2：$\begin{cases} x = r\cos(\theta + \pi) \\ y = r\sin(\theta + \pi) \\ z = b(\theta + \alpha) \end{cases}$。

(3) 双环式传感器：

$\theta \in (0, 2\pi)$，$z_1 \in (L - 80, L - 10)$，$z_2 \in (L + 10, L + 80)$；

电极片 1：$\begin{cases} x = r\cos\theta \\ y = r\sin\theta \\ z_1 \end{cases}$；电极片 2：$\begin{cases} x = r\cos\theta \\ y = r\sin\theta \\ z_2 \end{cases}$。

第3节　数值仿真条件

采用 Comsol Multiphysics 多物理场仿真软件对模型进行数值仿真，并用 Matlab 软件进行数据处理。耦合模型包括流体场模块(Euler-euler 湍流模型)及 AC/DC 模块(静电场)。耦合场的主要物理参数如表 7-1 所示。

表 7-1　耦合场主要物理参数

参数	取值	描述
$\rho_c / (kg/m^3)$	1.2	连续相密度，空气
$\rho_d / (kg/m^3)$	1.0×10^3	离散相密度，煤粉
$\mu_c / (Pa \cdot s)$	1.8×10^{-5}	连续相动态黏滞度

参数	取值	描述
d_d /m	5.4×10^{-5}	离散相粒子直径
φ_{max}	0.62	最大填料浓度
α /(°)	60	载气入口与混合物入口夹角
ε_c	1.0	连续相相对介电常数
ε_d	4.3	离散相相对介电常数

注：仿真环境参考燃煤电厂气力输送系统中气固两相流的浓度测量。

仿真模型如图 7-1 所示，气力输送管道直径为 100mm，给粉管道直径为 40mm。为了简化模型、降低计算量，管道厚度不予考虑。根据雷诺数，这里选择湍流模型。

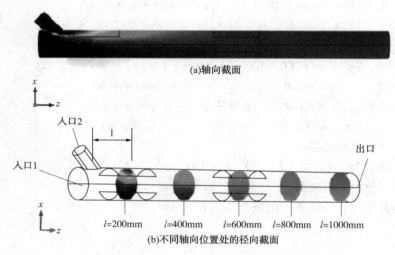

(a)轴向截面

(b)不同轴向位置处的径向截面

图 7-1   不同截面的固相浓度分布

入口 1 是载气的入口，其风速为 v；入口 2 是固相颗粒及空气的混合物入口，其风速为 v'；固相体积分数(相含率)为 p；l 为物料入口与传感器轴向中心之间的距离。

静电场模型：屏蔽罩和检测电极接地，激励电极加 1V 直流激励电压。

流体场的初始条件及边界条件如下：

$$u_c\big|_{t=0}=0，u_d\big|_{t=0}=0，p_{hid}\big|_{t=0}=0 \tag{7-9}$$

$$\begin{cases} u_{cx}\big|_{入口1}=0 ， & u_{cx}\big|_{入口2}=-v' \\ \quad u_{cy}=0 & t>0 \\ u_{cz}\big|_{入口1}=v ， & u_{cz}\big|_{入口2}=v' \end{cases} \tag{7-10}$$

$$\begin{cases} u_{dx}\big|_{入口1} = 0, & u_{dx}\big|_{入口2} = -v' \\ u_{dy} = 0 & t > 0 \\ u_{dz}\big|_{入口1} = 0, & u_{dz}\big|_{入口2} = v' \end{cases} \quad (7-11)$$

$$\begin{cases} p_{hid}\big|_{入口1} = 0 \\ p_{hid}\big|_{入口2} = p \end{cases} \quad t > 0 \quad (7-12)$$

式中，u_c 为连续相速度；u_d 为离散相速度；p_{hid} 为固相体积浓度。

通过图7-1(b)可知，在管道不同位置截面处的流型是不一样的，随着管道轴向距离的增加，流型逐渐由非均匀流型(近似层流)演变成相对均匀的流型。

图7-2所示为管道内部固相颗粒的速度分布示意图，由图可知，管道内部颗粒的平均流速稍有增大($l = 200\text{mm}$ 时，$v = 9.7464\text{m/s}$；$l = 600\text{mm}$ 时，$v = 9.8957\text{m/s}$)，总体基本保持为10m/s。

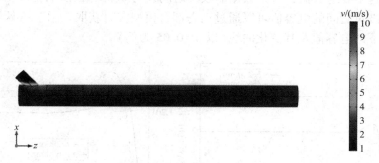

图7-2 速度分布示意图

层流被认为是评估传感器受流型影响程度的最佳的流型，因此，将传感器分别安装在 $l = 200\text{mm}$(代表层流)及 $l = 600\text{mm}$(代表均匀流，用作对比)处，并在不同的固相颗粒体积分数(p)及变化的传感器安装角度(θ)下，对传感器测量性能进行仿真分析。安装角度的不同代表流型角度的改变，安装角度分别取90°、45°、0°、-45°及-90°，其角度位置如图7-3所示。

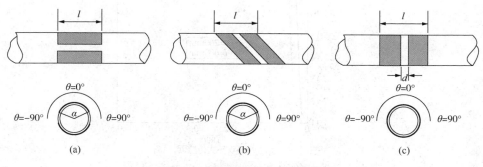

图7-3 传感器安装角度示意图

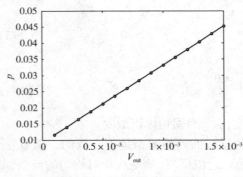

图 7-4 p 与 V_{out} 的关系曲线

给粉口的给粉浓度(p)与出口处固相体积浓度(V_{out})的关系可以由流体场仿真给出,其关系曲线如图 7-4 所示。在实际的燃煤火电厂应用中,煤粉与空气的固气质量比通常为 0.1～1,相应的煤粉体积浓度通常为 0.1‰～1.5‰,因此,仿真过程中 p 的取值为 0.01～0.05($p=0$、0.01、0.015、0.02、0.025、0.03、0.035、0.04、0.045 及 0.05),共取 10 个点。每种传感器需要收集 100 组数据。

针对这 100 组数据,每组数据的收集时间设为 0.5s。在该耦合模型下,不同结构的电极对之间的电容值可以通过动态耦合模型实时获取。图 7-5 所示为两个安装位置下的电容值及其变化曲线(以 $p=0.05$ 为例)。

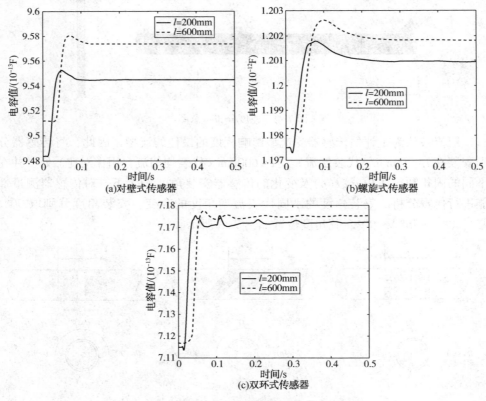

图 7-5 电容值变化曲线

通过图 7-5 可知，电容值需要一段 0.2s 左右的过渡时间（t'）达到稳定。这个过渡时间与初始条件相关，尤其是载气风速（v），例如，当 $v=8m/s$ 时，$t'=0.22m/s$；当 $v=18m/s$ 时，$t'=0.15m/s$。因此，在后续操作中，所采用的电容值都是稳定状态下的平均值，即 0.2~0.5s 的平均值。此外，对于不同的传感器，两个安装位置处的电容差值是不同的，这与传感器结构及流型的有关。

第4节　激励电压的改变对流体场浓度分布的影响

在耦合模型中，电场力作为一个体积力加入动量转换方程中，因此，需要研究激励电压的幅值变化对流体体积浓度的影响。流型的变化是流动特性改变的最直接表现，可以通过对截面处每个剖分单元处浓度分布（即介质分布）情况的对比，来评估激励电压的变化对气固两相流流动的影响。

通常情况下，电容测量电路的激励电压设为 1V、3.3V 及 5V。为了更全面地分析其影响，将激励电压的幅值分别设为 1V、5V、10V 及 100V。以截面 $l=200mm$ 及 $p=0.01$ 为例，分析在不同激励电压下该截面每个离散单元的浓度值，其结果如图 7-6 所示。

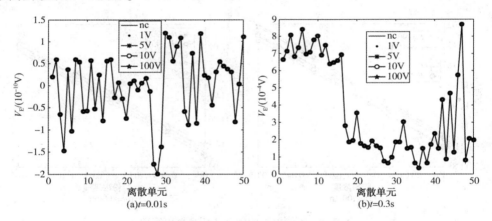

图 7-6　截面各离散单元的浓度值（以随机取 50 个单元为例）

图 7-6 中，nc 代表静电场与流体场非耦合状态，从图中可以清楚地观察到，静电场引起的电场力在 1V 到 100V 的变化情况下，对介质分布并没有明显影响。理论上，电极上的激励电压需要保持在几千伏以上，才会对这种忽略固相带电的颗粒流动有影响。然而，电容测量施加的激励电压通常在 25V 以下，因此，电场力对于浓度测量的影响可以忽略不计。在本章后续涉及的仿真研究中，激励电压（V_E）统一设为 1V。

第5节 不同浓度及流型角度下的电容值变化

基于以上给定条件，最终可以获得 3 种传感器的各 100 组电容数据，其结果如图 7-7~图 7-9 所示。

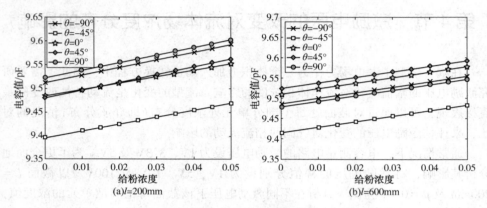

图 7-7 不同 θ 下的对壁式传感器电容值

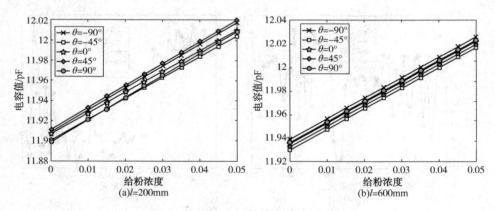

图 7-8 不同 θ 下的螺旋式传感器电容值

从图 7-7~图 7-9 中可以看出，在 θ 不变的情况下，对于同一种传感器，随着给粉浓度的增加，输出电容值呈线性增加，且输出线性度都很好。在 θ 变化（即不同层流角度）的情况下，传感器的电容值输出曲线是不同的。对壁式传感器的输出电容值离散程度最高，其次是螺旋式传感器，双环式传感器电容值的离散度最小。为了量化分析这 3 种传感器的性能，分别从系统灵敏度（S）、线性相关系数（r）和标准差总和（σ_{all}）3 个方面进行评估，其值分别如表 7-2~表 7-4 所示。

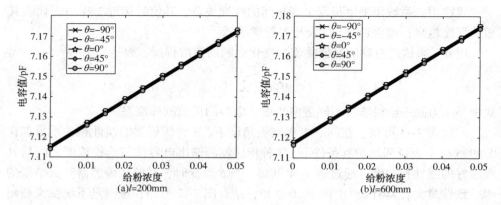

图7-9 不同 θ 下的双环式传感器电容值

通过表7-2可知，螺旋式传感器的灵敏度最高，其平均灵敏度为2.145和1.739；对壁式传感器的灵敏度均值最小，为1.541和1.385；双环式传感器比对壁式传感器的灵敏度均值大些，分别为1.570和1.473。此外，就同一种传感器而言，不同流型角度下的测量灵敏度是不一样的。由此可见，测量系统的灵敏度不仅与传感器结构相关，也受流型变化的影响。

表7-2 系统灵敏度

θ	对壁式传感器		螺旋式传感器		双环式传感器	
	$l=200\text{mm}$	$l=600\text{mm}$	$l=200\text{mm}$	$l=600\text{mm}$	$l=200\text{mm}$	$l=600\text{mm}$
90°	1.629	1.387	2.190	1.740	1.650	1.554
45°	1.463	1.366	2.080	1.743	1.550	1.453
0°	1.367	1.381	2.056	1.729	1.550	1.453
−45°	1.637	1.404	2.200	1.738	1.550	1.453
−90°	1.612	1.387	2.200	1.745	1.550	1.454
平均值	1.541	1.385	2.145	1.739	1.570	1.473

使用参数 r 代表给粉浓度（p）与输出电容值（c）之间的线性相关系数，r 可以表示为：

$$r = \frac{\sum_{i=1}^{n}(p_i - \bar{p})(c_i - \bar{c})}{\sqrt{\sum_{i=1}^{n}(p_i - \bar{p})^2 \sum_{i=1}^{n}(c_i - \bar{c})^2}} \tag{7-13}$$

式中，p 为入口2的固相体积浓度；$\bar{p}$ 为 p 的均值；$\bar{c}$ 为 c 的均值；$n=10$，代表 $p=0$，0.01，0.015，0.02，0.025，0.03，0.035，0.04，0.045 及 0.05 的 10 个浓度点。

线性相关系数用来度量两个变量间的线性关系，其值越接近 1 或−1，代表其相关程度越高；越接近 0，代表相关程度越低。

用 σ_{all} 来描述电容测量值受流型变化影响的离散程度，表达式为：

$$\sigma_{all} = \sum_{i=1}^{n} \sigma_i \qquad (7\text{-}14)$$

式中，σ_i 为同一给粉浓度不同流型角度下电容测量值的标准差。

通过表 7-3 可知，在同一电极安装角度下，3 种传感器的线性相关系数都在 0.9995 以上，说明该仿真条件下，3 种传感器的输出电容值与给粉浓度之间均具有很好的线性相关性。通过表 7-4 可知，当 θ 改变时，对壁式传感器测量结果的不一致性最大，具有最大的标准差总和，结合图 7-7 可知，该测量系统受流型角度影响最大；双环式传感器的测量结果具有很好的一致性，标准差总和为 0.053、0.026，结合图 7-9 可知，该测量系统几乎不受流型角度影响；对于螺旋式传感器，标准差总和介于以上两种传感器之间，结合图 7-8 可知，该测量系统受流型影响程度介于两者之间。

表 7-3　相关系数

θ	对壁式传感器		螺旋式传感器		双环式传感器	
	$l = 200\text{mm}$	$l = 600\text{mm}$	$l = 200\text{mm}$	$l = 600\text{mm}$	$l = 200\text{mm}$	$l = 600\text{mm}$
90°	0.9999	0.9999	0.9996	0.9999	0.9997	0.9997
45°	0.9998	0.9998	0.9995	0.9998	0.9998	0.9999
0°	0.9997	0.9996	0.9996	0.9996	0.9999	0.9999
−45°	0.9998	0.9996	0.9995	0.9996	0.9997	0.9998
−90°	0.9997	0.9996	0.9998	0.9999	0.9998	0.9996

表 7-4　标准差总和

对壁式传感器		螺旋式传感器		双环式传感器	
$l = 200\text{mm}$	$l = 600\text{mm}$	$l = 200\text{mm}$	$l = 600\text{mm}$	$l = 200\text{mm}$	$l = 600\text{mm}$
5.153	4.218	0.589	0.337	0.053	0.026

对于同一种传感器结构，相对均匀流型处（$l = 600\text{mm}$）电容测量值的离散程度小于近似层流处（即非均匀处，$l = 200\text{mm}$）。对于均匀流型，当传感器电极安装角度改变时，相比于层流流型，其对应的流型角度变化不大，这也从另外一个角度验证了传感器输出受流型角度变化的影响。

通过以上耦合模型的仿真分析，可以得出的结论是：基于以上 3 种传感器结构尺寸，对壁式传感器的灵敏度较高，但是受流型角度影响最大；双环式传感器受流型角度影响最小，灵敏度介于其他二者之间。

第6节 耦合模型有效性的实验验证

为了验证以上耦合仿真模型的有效性，搭建煤粉-空气气固两相流浓度测量实验平台对3种传感器进行实验验证。该平台如图7-10所示，仅需要一个给粉单元。

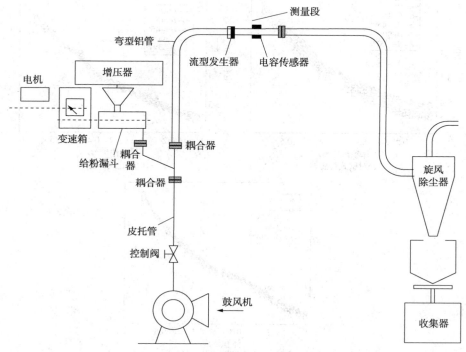

图7-10 气固两相流浓度测量实验平台

测试管道由有机玻璃制成，测试段处玻璃管外壁分别安装有3组传感器，分别为对壁式传感器、螺旋式传感器及双环式传感器。3种感器通过屏蔽线与调理电路连接，其尺寸与耦合仿真模型中的尺寸保持比例一致。此处，气相及固相分别是空气与煤粉，实际煤粉体积浓度值可以通过质量流量与风速求得：

$$\phi_{vpc} = \frac{q_{vpc}}{q_{va}} = \frac{q_{mpc}/\rho_{pc}}{q_{ma}/\rho_a} = \frac{q_{mpc}}{\pi r^2 v \cdot \rho_{pc}} \qquad (7-15)$$

式中，ϕ_{vpc} 为所要测量的煤粉体积浓度；q_{vpc} 及 q_{va} 分别为煤粉和空气的体积流量；q_{mpc} 为煤粉的质量流量，由给粉机标定；ρ_{pc} 为煤粉密度，取 1200kg/m^3；r 为管道内半径；v 为风速。

可以使用流型发生器来产生稳定的层流，用于 3 种电容传感器的实验性能分析。与仿真条件一样，传感器安装角度分别取 90°、45°、0°、-45° 及 -90°。依次改变给粉圈数（即质量流量），稳定后采集每组质量流量下的电容数据并取平均值。图 7-11 所示即 3 种传感器在 5 种不同安装角度下的电容值与给粉圈数之间的测量曲线，其系统灵敏度（S）、线性相关系数（r）和标准差（σ）如表 7-5 所示。

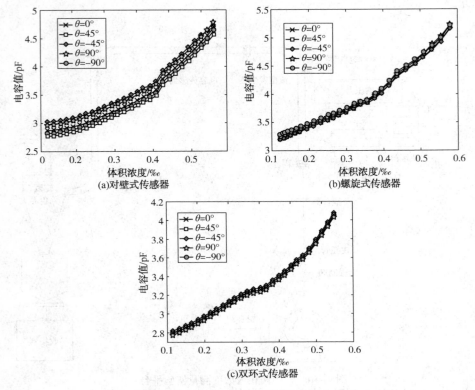

图 7-11　不同 θ 下的 3 种传感器电容值

表 7-5　3 种传感器性能参数

参　　数	对壁式传感器	螺旋式传感器	双环式传感器
灵敏度均值	0.0591	0.0702	0.0681
标准差总和	2.7603	0.5601	0.4670
相关系数均值	0.8234	0.8105	0.8236

由图 7-11 及表 7-5 可以看出，对壁式传感器受流型角度影响最大，灵敏度均值最低；双环式电容传感器受流型角度影响最小，其灵敏度均值高于对壁式传感器；螺旋式传感器的灵敏度最高，但通过标准差总和可知其受流型影响比双环

式传感器大。这些结论与耦合模型仿真分析的结果基本一致。但是相对于耦合仿真条件下的测量线性特性，实测实验中的3种传感器的线性相关性明显较差。这主要是因为在仿真条件下，设定了一些假设或理想条件(例如粒径均匀、给粉均匀且不考虑颗粒带电)，并且，流体在仿真状态下的流动是相对稳定的，不受外界因素影响。然而在实际测量过程中，气固两相流是非平稳的，其中存在固体颗粒带电现象，且干扰因素(例如风速、粒径及给粉机稳定性等)较多，因此，会出现非线性的测量曲线。然而，3种传感器的线性相关系数相近，这一点与仿真结果一致，因此，整体相关系数的降低对3种传感器的性能对比评估并没有影响。综上所述，基于耦合模型的性能评估与实际浓度测量得到的性能评估结论基本一致，即该耦合模型对于实测过程中的传感器性能评估是有效的。

该耦合模型同样可以为多相流的流速、流量测量及 ECT/ERT 电学层析成像等应用，提供传感器优化选型、算法优化等方面的仿真指导。

参 考 文 献

[1] Yan Y. Mass flow measurement of bulk solids in pneumatic pipelines[J]. Measurement Science and Technology, 1996, 7(12): 1687-1706.

[2] Mathur M P, Klinzing G E. Flow measurement in pneumatic transport of pulverized coal[J]. Powder Technology, 1984, 40(1-3): 309-321.

[3] Wang X, Hu H, Zhang A. Concentration measurement of three-phase flow based on multi-sensor data fusion using adaptive fuzzy inference system[J]. Flow Measurement and Instrumentation, 2014, 39: 1-8.

[4] Lam L, William P, Nor H, et al. Design of helical capacitance sensor for holdup measurement in two-phase stratified flow: a sinusoidal function approach[J]. Sensors, 2016, 16(7): 1032-.

[5] DeKerpel K, Ameel B, T Joen C, et al. Flow regime based calibration of a capacitive void fraction sensor for small diameter tubes[J]. International Journal of Refrigeration, 2013, 36(2): 390-401.

[6] Emerson, Reis. Experimental study on different configurations of capacitive sensors for measuring the volumetric concentration in two-phase flows[J]. Flow Measurement and Instrumentation, 2014, 30: 127-134.

[7] Jaworek A, Krupa A. Gas/liquid ratio measurements by resonance capacitance sensor[J]. Sensors and Actuators A (Physical), 2004, 113(2): 133-139.

[8] Ahmed W H. Capacitance sensors for void-fraction measurements and flow-pattern identification in air-oil two-phase flow[J]. IEEE Sensors Journal, 2006, 6(5): 1153-1163.

[9] Kendoush A A, Sarkis Z A. Improving the accuracy of the capacitance method for void fraction measurement[J]. Experimental Thermal and Fluid Science (Exp Therm Fluid Sci), 1995, 11(4): 321-326.

[10] Ye J, Peng L, Wang W, et al. Helical capacitance sensor-based gas fraction measurement of gas-liquid two-phase flow in vertical tube with small diameter[J]. IEEE Sensors Journal,

2011, 11(8): 1704–1710.

[11] Peng L, Ye J, Lu G, et al. Evaluation of effect of number of electrodes in ECT sensors on image quality[J]. IEEE Sensors Journal, 2012, 12(5): 1554–1565.

[12] Ye J. Coupling of fluid field and electrostatic field for electrical capacitance tomography[J]. IEEE Transactions on Instrumentation and Measurement, 2015, 64(12): 3334–3353.

[13] Xu C, Wang S, Tang G, et al. Sensing characteristics of electrostatic inductive sensor for flow parameters measurement of pneumatically conveyed particles[J]. Journal of Electrostatics, 2007, 65(9): 582–592.

[14] Rao R, Mondy L, Sun A, et al, A numerical and experimental study of batch sedimentation and viscous resuspension[J]. Int J Numer Methods Fluids, 2002, 39(6): 465–483.

[15] Phillips R J, Armstrong R C, Brown R A, et al. A constitutive equation for concentrated suspensions that accounts for shear–induced particle migration[J]. Physics of Fluids A: Fluid Dynamics, 1992, 4(1): 30–40.

[16] Meessen K J, Paulides J J H, Lomonova E A. Force calculations in 3–D cylindrical structures using fourier analysis and the maxwell stress tensor[J]. IEEE Transactions on Magnetics, 2013, 49(1): 536–545.

[17] Maxwell J C. Colours in metal glasses and in metallic films[J]. Philosophical Transactions of the Royal Society of London, 1904, 203: 385–420.

[18] Wang X X, Hu H L, Liu X, et al. Concentration measurement of dilute pulverized fuel flow by electrical capacitance tomography[J]. Instrum Sci Technol, 2015, 43(1): 89–106, 2015.

[19] Hu H L, Xu T M, Hui S E. A high–accuracy, high–speed interface circuit for differential–capacitance transducer[J]. Sensors and Actuators A: Physical, 2006, 125(2): 329–334.

[20] Zhang J, Hu H L, Dong J, et al. Concentration measurement of biomass/coal/air three–phase flow by integrating electrostatic and capacitive sensors[J]. Flow Measurement and Instrumentation, 2012, 24: 43–49.

[21] Wang XX, Hu H L, Liu X. Multisensor data fusion techniques with ELM for pulverized–fuel flow concentration measurement in cofired power plant[J]. IEEE Trans Instrum Meas, 2015, 64(10): 2769–2780.